복합신소재시스템에 의한 철근콘크리트구조물의 보강설계 및 시공지침서

한국복합신소재구조학회 편저

사단법인 한국복합신소재구조학회
KOSACS KOREAN SOCIETY FOR ADVANCED COMPOSITE STRUCTURES

발간사

우리나라가 행복사회로 진입하는데 필수 전제 조건인 시설물의 안전이 확보되어야 합니다. 시설물 노후화에 따른 국민의 안전 불안감 해소 및 기술환경 변화에 체계적으로 대응하기 위해서는 시설물 관리의 패러다임 전환이 필요한 시점입니다. 노후 시설물 유지관리 투자의 지연은 시설물 노후화와 서비스 수준 저하를 유발하여 성능보완 및 수명연장을 위한 막대한 경제적 부담을 초래할 수 있습니다. 미래 건설시장은 유지관리 시장으로 점차 전환될 것으로 전망되고 있고, 선진국은 이미 사회기반시설물에 대한 투자를 확대하고 있습니다. 신규 시설물 건설이 점차 감소하면서 장기적인 유지관리를 통한 수명연장이 새로운 건설하는 것보다 상당한 비용 절감 효과를 기대할 수 있습니다. 향후 건설산업 및 정부 투자는 신규 건설보다는 유지관리 및 보수보강 분야로 패러다임이 전환될 것으로 예측되므로 노후시설물에 대한 유지관리를 위한 시설물 보수보강 기술개발이 매우 필요합니다.

최근에 기존 소재가 아닌 복합신소재(FRP재료)를 활용한 보강기술이 시설물의 구조적 안전도를 향상시키기 위해서 제시되고 있습니다. 복합신소재(FRP재료)는 기존의 건설재료보다 가벼우면서 뛰어난 인성, 내구성을 가지는 특성으로 인해 건설용 재료로도 현재 미국, 유럽, 일본 등 선진국을 중심으로 적극적으로 적용되고 있으나 많은 장점에도 불구하고 보강기술 활용이 지연되는 주된 원인은 복합신소재(FRP재료)시스템에 의한 보강설계방법, 시공지침 등이 없기 때문입니다. 이러한 국내 실정에서 복합신소재(FRP재료)시스템에 의한 보강기술 업체 대부분은 보유한 기술의 검증 실험의 결과로 성능을 검증 받아 관련 기술을 현장에 적용해왔습니다.

따라서 우리 학회에서는 시설물의 보강에 대한 안전확보와 민간업체 기술의 실용성/사업화를 체계적으로 지원하기 위해서는 복합신소재(FRP재료)시스템에 의한 시설물 보강설계 및 시공지침서 제정이 필요함을 인식하여, 본 지침서 마련을 위한 위원회를 조직하여 이번에 발간하게 되었습니다.

본 설계 및 시공지침서는 설계자가 복합신소재(FRP재료)시스템의 이해와 노후 철근콘크리트구조물 보강설계에 접근이 가능하도록 단계별 설계방법을 제시하였으며, 필요한 설계예제를 포함하여 설계의 오류를 방지하는 역할과 복합신소재(FRP재료)시스템에 의한 노후 콘크리트구조물 보강 설계에 도움이 될 것으로 사료됩니다. 일선 실무자들에게 쉬운 이해와 편의를 제공하기 위해 본 복합신소재(FRP재료)시스템에 의한 철근콘크리트구조물 보강설계 및 시공지침서를 완벽하게 작성하고자 최대한 노력하였지만, 국내에서는 처음으로 작성된 지침서인 만큼 미비한 점이 많을 것으로 생각됩니다. 따라서 이 분야에 종사하고 계신 산/학/연/관 여러분의 아낌없는 질책과 조언을 부탁드리며, 앞으로 보다 완벽한 설계기준이 될 수 있도록 계속 수정, 보완하겠습니다.

2017년 04월
사단법인 한국복합신소재구조학회
회장 강 영 종

복합신소재(FRP재료)시스템에 의한
철근콘크리트구조물의 보강 설계 및 시공지침서

－편찬위원 및 자문위원－

(가나다 순)

참여 구분	성명	소속 · 직위
편집 · 집필 위원	장석윤	서울시립대학교 토목공학과 명예교수
	지효선	대원대학교 철도건설공학과 교수
검토 위원	고동우	제주대학교 건축학부 교수
	권민호	경상대학교 토목공학과 교수
	김희선	이화여자대학교 건축공학과 교수
	박신전	㈜케이엠티엘 기술연구소 이사
	박종면	㈜지승컨설턴트 대표이사
	박종섭	상명대학교 건설시스템공학과 교수
	손병직	건양대학교 건설환경공학과 교수
	이상열	안동대학교 토목공학과 교수
	장준호	계명대학교 토목공학과 교수
	정우영	강릉원주대학교 토목공학과 교수
	조정미	㈜한국카본 전무이사
	조태준	대진대학교 건설시스템공학과 교수
	주영규	고려대학교 건축사회환경공학과 교수
	최상현	한국교통대학교 철도시설공학과 교수
	허종완	인천대학교 건설환경공학과 교수
자문 위원	윤순종	홍익대학교 토목공학과 교수
	이규세	선문대학교 토목공학과 교수
	원종필	건국대학교 사회환경시스템공학과 교수
	윤명호	공주대학교 건축공학과 교수
	윤석호	경동대학교 토목공학과 교수
	최성모	서울시립대학교 건축학부 교수
	한봉구	서울과학기술대학교 건설공학과 교수
	황원섭	인하대학교 사회기반시스템공학부 교수

목차

Chapter 6 시방서 93

서 론 01

1.1 일반적인 요구사항

이 편람의 목적은 철근콘크리트 구조물을 FRP층으로 접착사용하여 보강할 수 있는 설계식과 지침을 제시하는데 있다. 이 내용은 구체적인 대학 연구소나 연구소에서 연구한 실험적인 결과에 기초하였다. 제시된 설계식은 모형실험과 유용한 결과에 비유했을 때 보수성을 갖는 내용이다.

FRP 보강 혹은 보수 계획은 재하 이력, 재료와 특별한 보강 혹은 보수 필요의 조건에 굉장한 영향을 준다는 사항에 주시해야 한다. FRP보강 계획의 사용은 기존 콘크리트의 질과 FRP의 시공을 위한 현장 조건을 고려해야 한다. 이 편람의 사용자는 FRP재료와 재료의 성질, 고착방법 등의 현장 조건에 영향을 주는 보수 부재의 내구성과 같은 연구자에 의하여 현재 연구되고 있는 많은 문제들이 있다는 것을 인식해야 한다. 따라서 이 편람은 중요하고 공학적인 판단을 실행하는데 있어 자료로 사용될 것이다.

1.2 도면과 관련 문서

기술자는 FRP를 이용한 철근콘크리트 구조물의 보강을 위한 필요한 여러 도면과 기술도서를 준비해야 한다. 이들 도서는 관련 규정과 시방서와 FRP와 관련된 다음의 정보를 포함해야 한다.

(a) 사용될 FRP의 검증

(b) 필요한 FRP의 역학적 성질

(c) 기존 구조재료의 역학적 성질

(d) 기존 구조물에 관한 FRP 보강 위치

(e) FRP보강체계 각층의 방향과 치수

(f) 적층의 수와 시공순서

(g) 겹침의 길이와 위치

(h) 고려된 설계하중, 허용응력 등의 개략내용

(i) 모서리의 완만한 곡선을 포함한 필요한 표면상태

(j) 표면온도와 습도의 조건을 포함한 시공순서와 연속적인 층들의 시공 사이에 최대 및 최소 지연

(k) 필요한 경화

(l) 표면처리

(m) 운송, 보관 처리와 수지용기의 수명

(n) 품질향상 관리와 현장시험

(o) 필요시의 재하시험

문서는 시험방법과 이미 기술한 평가 시방서에 기초한 작업 내용이 포함되어야 한다 (즉 FRP체계의 극한인장강도, 극한파괴변형률, 접착 등).

02 FRP의 성질

표 2.1 상용 FRP시스템의 물성값

FRP system	Area Weight	Density	Thickness	Tensile Strength	Modulus in Tension	Elongation at Failure
	(g/m^2)	(g/m^2)	(mm)	(MPa)	(GPa)	(%)
Replark (Mitsubishi)						
Type 20[1]	200	1.8	0.111	3400	230	1.5
Type 30[1]	300	1.8	0.167	3400	230	1.5
Type MM[1]			0.165	2900	390	0.7
Type HM[1]	200	2.1	0.143	1900	640	0.3
MBrace (Master Builders)						
CF 530[1]	300	1.82	0.165	2940	372	0.8
CF 130[1]	300	1.82	0.165	3480	227	1.5
EG 900[2]			0.353	1730	88	2.0
Tyfo Fibrwrap (Composite Retrofit International)						
SEH51[2]	930	0.72	1.3	552	27.6	2.0
SCH41[1]			1.0	1034	68.9	1.5
Sika						
SikaWrap Hex 100G[2]	913	2.54	1.0	600	26.1	2.2
SikaWrap Hex 103C[1]	618	1.8	1.0	960	73.1	1.3
CarboDur S[1]	2240	1.6	1.2－1.4	2800	165	1.7
CarboDur M[1]	2240	1.6	1.4	2400	210	1.2
CarboDur H[1]	2240	1.6	1.4	1300	300	0.5

1 Carbon FRP
2 Glass FRP

표 2.2 수지의 물성값

Resin	Density	Tensile Strength	Modulus of Elasticity	Elongation at Failure	Maximum Long-Term Temperature Use
	(kg/m^3)	(MPa)	(GPa)	(%)	(°C)
Polyester	1.2	50-65	3.0	2-3	120
Vinylester	1.15	70-80	3.5	4-6	140
Epoxy	1.1-1.4	50-90	3.0	2-8	120－200

표 2.3 섬유의 물성값

Fiber	Type	Diameter	Density	Tensile Strength	Modulus of Elasticity	Elongation at Failure
			(kg/m^3)	(MPa)	(GPa)	(%)
Glass	E	10	2.54	3450	72	4.8
	S	10	2.49	4300	87	5.0
Carbon	PAN	7	1.76	3650	231	1.4
	Pitch	10	2.00	2400	380	0.5
Aramid	Kevlar	11.9	1.45	3620	131	2.8
	Twaron	12	1.45	3600	127	2.5

03 기존 구조물의 평가

3.1 서론

이 기록의 주목적은 기존 구조물을 평가하는 것이 아니고 기존 구조물을 위한 FRP 보강 기법의 설계, 시공 및 검사를 실시하는 동안 모든 구조적 평가가 수용할 수 있는 규정과 실행과정에 의하여 지속되어야 한다. FRP 보강 전략 평가를 증진하기 위하여 기존 구조 및 요소의 평가는 구조물의 하중을 감당할 수 있는 능력을 수집하고 외적 FRP 접착 보강체계의 실현 가능성을 평가하기 위한 어떠한 결함의 발생특성을 위한 기존 콘크리트의 조건을 결정하기 위하여 수행되어야 한다. 본래의 구조물의 모든 구성재료의 기존 상태가 평가되고 실제의 재료 성분이 평가되어야 하는 사항에 주의해야 된다. 만약 어느 정도의 철근의 부식 혹은 콘크리트의 과도한 손상이 존재한다면 철근 단면적의 감소와 재료간의 접착 손실 등을 고려해야 한다.

추가적으로 손상의 위치와 상태를 알기 위하여 일반적으로 변형률 상태를 결정하기 위하여 하중-처짐 거동과 필요할 경우 정적, 동적 하중하에 시공 등으로 구조물의 전체적인 거동에 대한 심층 해석을 수행하여야 한다.

3.2 기존 성능과 조건

기존 구조물의 평가에 대한 상세는 많은 자료가 있다. 교량의 경우 CSA 표준 S6 (1990)와 건물의 경우 지침 ACI 364.1R-94(1994)가 있다. 설계자는 다음과 같은 내용으로 개략적인 과정을 제시하였다. 기존 구조물의 성능의 평가는 매우 신중하게 수행되어야 하고 다음과 같은 내용에 기초해야 된다.

- 모든 과거 수정을 포함한 기건설된 도면
- 콘크리트 요소의 실제 규격
- 콘크리트의 표면 인장강도를 포함한 기존 재료의 실제 성분
- 위치, 규격과 균열 및 조각의 발생
- 철근의 부식 위치 및 크기
- 기존 철근의 양과 위치
- 작용 하중의 적절한 평가

기존 구조물 보강에 FRP 재료가 사용되었을 때 보강 전 구조물이 적용 규정과 시방서에 제시된 고정하중과 활하중을 지탱할 수 있어야함을 지적한다. 예로서 ACI440F 내용(2000)은 1.2D + 0.85L 값이어야 한다. 여기서 D와 L은 고정하중과 활하중이다.

3.3 콘크리트 표면

콘크리트 심층은 본래의 콘크리트와 이미 보수된 재료 모두로 구성되어 있다. 콘크리트 표면조건은 구조물 보강시의 고려된 가장 중요한 사항에 하나다. 콘크리트는 하중이 FRP 보강체계 구조물에 전달될 수 있는 능력을 갖지 않으면 안된다. 이것은 기둥형식의 구조 부재가 아닌 경우, 외적 FRP 보강이 표면을 형성하는 표피에 불과한 것이 아닌 매우 중요한 사항이다. 콘크리트가 과도하게 균열이 발생하였거나 약화되었을 때 FRP 보강을 실시하였을 경우의 요구되는 필요한 콘크리트 인장강도를 얻기 위한 영향을 받는 영역으로 대치되지 않으면 안된다. 몇몇 경우에 있어서 철근을 덮고 있는 본래의 덮개 콘크리트를 제거하고 새로운 콘크리트로 대치하는 것은 구조물 보강에 있어서 근본적으로 기초 단계이다. 보수 방법은 여기서는 다루지 않았다. 그리고 설계자는 증명된 시방서를 참고하지 않으면 않된다. 즉 CSA 표준 S448.1(1993)과 지침 ACI546.1(1988)과 ACI224.1(1993) 콘크리트 보강 방법, 재료, 성형은 FRP 보강의 적합성에 따라서 선택되어야 한다.

3.4 결함의 발생

기존 구조물의 결함 발생은 보강 전략이 채택되기 전 조치가 취해져야 한다. 결함은 하중과 성능에 관계가 있으므로 현재의 기준 대책이 충분한 재하능력 혹은 필요한 설계하중의 증가 등이 지적되어야 한다.

보와 일방향 슬래브 보강 04

4.1 정의

a 등가 직사각형 콘크리트 단면의 높이 (mm)

A_{frp} FRP 재료의 단면적 (mm^2)

$A_{frp,cut}$ 외부 FRP 보강점에서 FRP 재료 면적 (mm^2)

A_s 인장철근 단면적 (mm^2)

A_s' 압축철근 단면적 (mm^2)

A_{sf} T형보의 슬래브 부분에서 압축력에 평행한 인장철근의 단면적 (mm^2)

A_{sw} T형보에서 인장철근의 잔존 단면적 (mm^2)

A_v 거리 S 이내에서 부재축에 수직인 전단철근의 단면적 (mm^2)

$A_{vfrp,\min}$ 종방향 보강의 절단에서 전단보강 FRP접착 U-스터럽의 최소 단면적 (mm^2)

b 부재 압축 표면의 폭 (mm)

b_e 부재 압축 표면의 유효폭 (mm)

b_{frp} 외축 FRP 보강재의 폭 (mm)

b_w 깊이 d 이내에서 복부의 최소유효깊이 (mm)

c 압축면 상단으로부터 중립축까지의 거리 (mm)

c_b 평형조건에서 압축면 상단으로부터 중립축까지의 거리 (mm)

C_c 콘크리트에 작용하는 압축력 (N)

C_f T형보의 슬래브에 작용하는 압축력 (N)

C_s 압축철근에 작용하는 힘 (N)

C_w T형보의 복부에서 압축콘크리트에 작용하는 힘 (N)

d 압축면 상단으로부터 인장철근 중심까지의 깊이 (mm)

d' 압축면 상단으로부터 압축철근 중심까지의 깊이 (mm)

d_{frp} FRP 스터럽의 유효높이 (mm)

E_c 콘크리트의 탄성계수 (MPa)

E_{ct} 콘크리트의 접선탄성계수 (MPa)

E_{frp} FRP의 탄성계수 (MPa)

E_s 철근의 탄성계수 (MPa)

f_c 콘크리트의 압축응력 (MPa)

f_c' 콘크리트의 설계기준강도 (MPa)

f_{frp} FRP의 인장응력 (MPa)

f_{frpu} FRP의 보증 인장강도 (MPa)

$f_{frp,ave}$ 시험결과로부터 FRP의 극한 인장강도의 평균값 (MPa)

f_r 콘크리트의 파괴계수 (MPa)

f_s 철근의 인장응력 (MPa)

$f_{s'}$ 철근의 압축응력 (MPa)

f_y 철근의 설계기준 항복응력 (MPa)

h 부재의 전체 높이 (mm)

h_f 슬래브 두께 (mm)

K 콘크리트압축강도의 평방근에 관계된 평균접착강도에 관한 비례계수($\sqrt{\mathrm{MPa}}$)

K_1 상대 콘크리트 전단강도에 관련된 매개변수

K_2 섬유형상에 따른 매개변수

K_d 외부 FRP 보강재의 강성에 관련된 길이에 관한 계수 (MPa^{-1})

L_e	FRP 전단 보강에 따른 유효정착길이 (mm)
ℓ_{frpd}	FRP 보강을 위한 권장된 길이 (mm)
M_r	계수화된 저항모멘트 (N-mm)
M_{rf}	T형보의 슬래브 부분에 관련된 저항모멘트 (N-mm)
k_{rw}	T형보의 복부에 관련된 저항모멘트 (N-mm)
n_e	보의 일면에서 스터럽의 자유단의 수
R	극한 인장변형률에 대한 FRP재에서의 유효변형률의 비
S	부재의 종방향축에 평행하게 측정한 전단보강철근의 간격 (mm)
S_{frp}	부재의 종방향축을 따라 FRP 전단 보강재의 간격 (mm)
t_{frp}	FRP 보강재의 전체 두께 (mm)
T_{frp}	FRP에서의 인장에 의한 내력 (N)
T_s	철근에서의 인장에 의한 내력 (N)
V_b	CSA-S6-88에 정의된 바와 같은 콘크리트의 허용 전단저항 (MPa)
$\overline{V_c}$	콘크리트에 의존된 계수화된 전단저항 (N)
$\overline{V_{frp}}$	FRP에 의존된 계수화된 전단저항 (N)
$\overline{V_r}$	계수화된 전단저항 (N)
$\overline{V_s}$	철근에 의존된 계수화된 전단저항 (N)
w_{frp}	섬유에 수직방향으로 측정한 FRP 전단 보강재의 폭 (N)
α	유효 변형률에 대한 감소상수
α_1	콘크리트 설계기준압축강도에 대한 직사각형 압축단면에 작용하는 평균 응력의 비
β	부재의 종방향축과 FRP 스터럽의 경사와의 사이 각도
β_1	중립축의 높이에 대한 직사각형 단면 압축측 높이의 비
ε_{bi}	보의 하단에서의 초기 변형률

ε_c	콘크리트 변형률
ε'_c	f_c'에서 콘크리트 변형률
ε_{ci}	콘크리트의 초기변형률
ε_{cl}	콘크리트의 부가 변형률
ε_{cu}	콘크리트의 극한압축변형률
ε_{frp}	FRP 보강재의 변형률
ε_{frpe}	FRP 보강재의 유효변형률
ε_{frpu}	FRP 보강재의 극한변형률
ε_s	인장철근의 전체 변형률
ε'_s	압축철근의 전체 변형률
ε_{si}	인장철근의 초기변형률
ε'_{si}	압축철근의 초기변형률
ε'_{sl}	압축철근의 추가 변형률
ε_y	강재의 항복변형률
ϕ	부재의 저항계수
ϕ_c	콘크리트의 저항계수
ϕ_{frp}	FRP의 저항계수
ϕ_s	철근의 저항계수
ϕ_{frpe}	FRP의 환경 감소계수
γ_c	콘크리트의 밀도 (kg/m^3)
λ	저밀도 콘크리트를 위하여 고려하는 계수
$\lambda_1 \lambda_2$	유효 변형률을 표시하는 상수 (식 4-60b)
ρ_{frp}	FRP 전단 보강비
σ	모집단에서 매개변수의 표준편차
τ_{bu}	직접 전단에서 FRP-콘크리트의 평균접착강도 (MPa)

4.2 가정

다음에 표시한 식과 내용들은 다음과 같은 기초적인 가정에 기초하고 있다.

1. 평면 단면은 평면으로 남는다.
2. 콘크리트와 철근과 콘크리트와 FRP 사이의 접착은 완전한 접착이 존재한다고 본다.
3. 전단 변형률은 휨설계의 경우 무시될 수 있다.
4. 고정 고착이나 필요한 여유길이는 FRP 보강을 위해서는 견지되어야 한다.

외부 부착 FRP 보강 이전의 철근과 콘크리트에서 초기 변형률의 무시는 보강시점에서 콘크리트 내에 있는 미소 변형률과 철근의 높은 연성 때문에 합당한 근사치로서 채용될 수 있는 추가적인 가정이 될 수 있다. 따라서 대부분의 경우 FRP 보강보의 극한휨강도에서 초기변형률의 영향은 무시할 수 있다. 그러나 특별한 경우 이 가정은 정당하지 않고 초기변형률과 응력은 설계를 위하여 고려되지 않으면 안 된다.

4.3 재료의 역학적 성질

4.3.1 콘크리트

콘크리트 압축강도의 거동을 기술하는데 포물선 곡선이 이용될 수 있다. (45 MPa 까지) 응력-변형률 관계는 다음과 같이 주어진다.

$$f_c = f_c' \left[\frac{2\varepsilon_c}{\varepsilon'_c} - \left(\frac{\varepsilon_c}{\varepsilon'_c} \right)^2 \right] \tag{4.1}$$

여기서 f_c , f_c'와 ε_c는 압축응력, 설계기준압축강도 그리고 콘크리트의 변형률이다. 그리고 ε_c'는 f_c'에서 콘크리트 변형률로서 다음과 같이 정의한다.

$$\varepsilon_c' = \frac{2f_c'}{E_{ct}} \tag{4.2}$$

콘크리트의 접선탄성계수, E_{ct}는 $1.1E_c$이고 여기서 E_c는 콘크리트 탄성계수로서 시방서 CSA-A23.3-94, 그리고 CSA-S6-88에 의하여 주어지고 다음과 같다.

$$E_c = \left(3300\sqrt{f_c'} + 6900\right)\left(\frac{\gamma_c}{2300}\right)^{1.5} \tag{4.3a}$$

(CSA-A23.3-94)

$$E_c = 0.043\,\gamma_c^{\,1.5}\sqrt{f_c'} \tag{4.3b}$$

(CSA-S6-88)

여기서 γ_c는 콘크리트의 단위중량으로서 1500 kgf/m^{3}과 2500 kgf/m^3 사이의 값이다.

20 MPa과 45 MPa 사이의 설계기준강도를 갖는 보통 콘크리트 단위중량의 경우 이들 식은 다음과 같다.

$$E_c = 4500\sqrt{f_c'} \tag{4.4a}$$

(CSA-A23.3-94)

$$E_c = 5000\sqrt{f_c'} \tag{4.4b}$$

(CSA-S6-88)

철근콘크리트 구조물의 경우 콘크리트 파괴계수 f_r는 다음과 같다.

$$f_r = 0.6\,\lambda\,\sqrt{f_c'} \tag{4.5}$$

(CSA-A23.3-94) (CSA-S6-88)

여기서 λ는 경량콘크리트의 경우 고려되는 계수로서 보통콘크리트 단위중량의 경우 1.0이다. $\frac{f_r}{E_c}$보다 큰 인장변형률의 경우 콘크리트는 균열이 발생한다는 것을 고려하여야 하고 인장저항은 계산상 무시된다.

4.3.2 철근

철근의 거동은 인장시험으로 얻어진 응력-변형률 곡선에 의하여 설명될 수 있다. 설계목적을 위하여 철근의 변형경화는 무시되고 탄성-완전소성 거동으로 가정한다. 철근의 항복변형률 ε_y는 철근의 탄성계수 E_s에 대한 항복응력 f_y의 비로 정의된다.

4.3.3 FRP

FRP의 경우 인장시 극한 파괴까지의 선형탄성능력-변형률 거동으로 가정된다. 극한 인장강도, 극한변형률 그리고 탄성계수는 f_{rpu} , ε_{frpu} 그리고 E_{frp}로 표시된다.

4.4 등가 콘크리트 응력 단면

휨모멘트를 받는 FRP보강 철근콘크리트 단면의 변형률 분포 및 응력 분포를 그림 4-1에 표시하였다.

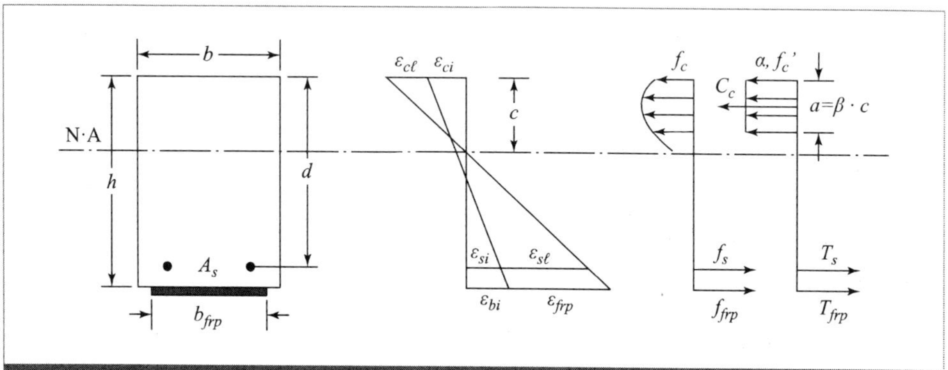

그림 4.1 응력-변형률 분포(인장철근만 존재할 경우)

a	등가 직사각형 콘크리트 응력 단면의 깊이 (mm)
b	부재의 압축측 표면의 단면 폭 (mm)
b_{frp}	외측 FRP 보강 폭 (mm)
C_c	압축콘크리트에 발생하는 힘 (N)
f_{frp}	FRP에서의 인장응력 (MPa)
f_s	철근의 인장응력 (MPa)
h	부재 단면의 전 높이 (mm)
T_{frp}	FRP 인장에 의한 힘 (N)
T_s	철근의 인장에 의한 힘 (N)
ε_{bi}	보의 하단에서의 초기변형률
ε_{ci}	콘크리트의 초기변형률
ε_{cl}	콘크리트의 추가 변형률
ε_{frp}	FRP 보강에서의 변형률

ε_{si} 인장철근에서의 초기변형률

ε_{sl} 인장철근에서의 추가 변형률

그림에서 보는 바와 같이 등가 콘크리트 응력블록은 포물선 분포를 직사각형 분포로 대치하여 편리하고 단순성하게 제시하였다.

상수 α_1과 β_1은 CSA~A23.3-94로부터 다음과 같이 표시할 수 있다.

$$\alpha_1 = 0.85 - 0.0015 f_c' \geq 0.67 \tag{4.6a}$$
(CSA-A23.3-94)

$$\beta_1 = 0.97 - 0.0025 f_c' \geq 0.67 \tag{4.6b}$$
(CSA-A23.3-94)

CSA-S6-88에 의하여 교량의 경우 이 값들은 다음과 같다.

$$\alpha_1 = 0.85 \tag{4.7a}$$
(CSA-S6-88)

$$0.85 \geq \beta_1 = 1.09 - 0.008 f_c' \geq 0.65 \tag{4.7b}$$
(CSA-S6-88)

압축영역에서 평균응력은 콘크리트의 저항계수 ϕ_c를 포함하는 $\alpha_1 \phi_c f_c'$로 주어진다. 그리고 등가블럭의 높이는 보의 압축측 면으로부터 중립축까지의 거리 c를 갖는 $\alpha = \beta_1 c$이다. 식 (4.6)과 식 (4.7)은 콘크리트가 극한강도에 도달했을 때 포물선 응력분포의 등가 콘크리트 응력블록이다. 이런 단순화는 콘크리트가 낮은 응력상태일 경우 안전측이다.

Collins와 Mitchell (1997)과 Swiss Code (SIA162, 1989)는 임의 콘크리트 응력의 경우 α_1과 β_1의 값을 추정하는데 유사한 관계를 나타낸다. FRP로 외부 보강된 콘크리트 보의 경우 이상과 관련한 응용성을 연구하도록 유도되지 못하고 있다. 그러한 연구는 추천할 만하고 내부 철근과 외부 FRP 보강비와 또한 실제 사용된 콘크리트 강도의 전 영역을 표시하는 매개변수를 포함해야 한다. 한편으로는 상기 등가 응력블럭이 가정될 수 있다.

4.5 휨부재 보강설계

4.5.1 저항계수

FRP로 보강된 철근콘크리트 보의 계수휨강도를 계산하기 위하여 저항계수 ϕ_{frp} 가 필요하다. 콘크리트와 철근에 대한 저항계수는 철근콘크리트 구조물에는 CSA 표준시방서 A23.3-94와 교량의 경우는 OHB DC-91 표준시방서에 기술되어 있고 다음 표 4.1에 요약되어 있다.

표 4.1 콘크리트와 철근의 저항계수

	콘크리트	철근
철근콘크리트 구조물	0.6	0.85
교량	0.75	0.9

㈜ CSA 표준시방서 S6-88 (교량의 경우 저항계수 ϕ임)

FRP의 저항계수는 계획된 사용량, FRP의 형식, 노출된 조건 등과 같은 매개변수의 다양한 영향을 받는다.

장기간의 침수를 배제한 교량과 구조물의 일반적인 조건의 경우 ϕ_{frp}의 다양한 값이 CFRP의 경우에 제시되었다. 예로서 Khalifa et al. (1988)은 ϕ_{frp} = 0.7을 제안하였다.

Triantafillou와 Antonopoulos (1999)는 FRP 파단의 경우 ϕ_{frp} = 0.78로 제시하였고 부착파괴의 경우나 혹은 FRP에서의 변형률이 FRP 파단을 허용하지 않는 값에 제한된다면 ϕ_{frp} = 0.75이다. 유리섬유 FRP의 경우 ACI 440F 초안(2000)은 ϕ_{frp} 값을 0.6~0.76의 범위로 제시하였다.

4.5.2 휨파괴

외부부착 FRP 보강 보의 경우 4개의 파괴모드는 다음과 같다.

1. 콘크리트 파괴
2. 콘크리트 파괴에 따른 철근의 항복
3. FRP 파단에 따른 철근의 항복
4. FRP 보강 부근의 부착 파손 혹은 콘크리트-FRP 계면에서의 부착파괴

몇몇 경우에 설계와 관련한 상기 파괴현상을 결정하는 것은 매우 어려운 일이다. 따라서 특별한 파괴모드를 가정하지 않으면 안된다. 그리고 이 모드가 발생할 것인지 여부를 증명하지 않으면 안된다. 만약 초기 가정에 오류가 있을 경우는 다른 파괴모드를 가정하고 해석을 반복해야 한다.

여기 제시된 설계방법론의 경우, 4번째 파괴모드를 고려되지 않고 있다. 그 이유는 충분한 정착(앵커)을 사용하여 미연에 방지하든지 혹은 FRP 보강의 전체 능력을 향상시키기 위한 충분한 부착 여유길이를 확보함으로써 방지할 수 있다고 가정하기 때문이다.

Sec. 4-7에서 여유길이에 대한 단순한 식이 제시되었다. 만약 부착파괴모드가 설계를 좌우할 경우 해석은 FRP 보강에서의 응력과 변형률을 특별히 한계지어 진행할 수 있다.

4.5.3 직사각형 단면 보

4.5.3.1 단철근보

그림 4.1의 변형률 분포를 가정하면 다음의 관계를 나타낼 수 있다.

$$\frac{\varepsilon_c}{c} - \frac{\varepsilon_s}{d-c} = \frac{\varepsilon_{frp} + \varepsilon_{bi}}{h-c} \tag{4.8}$$

여기서 $\varepsilon_c = \varepsilon_{ci} + \varepsilon_{cl}$, $\varepsilon_s = \varepsilon_{si} + \varepsilon_{sl}$이고 ε_s는 철근의 총변형률이다. ε_{cl}, ε_{sl}은 콘크리트와 FRP 보강 전의 철근의 초기 변형률이고 ε_{cl}, ε_{sl}은 콘크리트와 철근의 계속된 하중에 의한 추가 변형률이다. FRP 두께는 보의 높이 h에 비하여 무시한다고 가정될 수 있다. FRP 보강 전 보의 하단에서 초기 변형률 ε_{bi}는 다음과 같다.

$$\varepsilon_{bi} = \frac{h}{d}(\varepsilon_{si} + \varepsilon_{ci}) - \varepsilon_{ci} \tag{4.9}$$

단면적에 작용하는 힘은 다음과 같다.

$$C_c = \alpha_1 \phi_c f_c' \beta_1 c b \tag{4.10}$$

(콘크리트)

$$T_s = \phi_s f_s A_s \ ; \ \varepsilon_s < \varepsilon_y \text{ 경우} \tag{4.11}$$

$$T_s = \phi_s f_y A_s \ ; \ \varepsilon_s \geq \varepsilon_y \text{ 경우}$$

(인장철근)

여기서 f_s는 철근의 응력, A_s는 인장철근 단면적이고 ε_y와 f_y는 항복변형률과 강재의 항복응력이다. FRP의 경우

$$T_{frp} = \phi_{frp} E_{frp} \varepsilon_{frp} A_{frp} \ ; \ \varepsilon_{frp} \leq \varepsilon_{frpu} \text{ 경우} \tag{4.12}$$

$$T_{frp} = 0 \ ; \ \varepsilon_{frp} \geq \varepsilon_{frpu} \text{ 경우}$$

(FRP)

여기서 A_{frp}와 ε_{frp}는 외부 FRP 보강재의 단면적과 변형률이다. 힘의 평형은 다음과 같다.

$$C_c = T_s + T_{frp} \tag{4.13}$$

그리고 저항모멘트 M_r은 다음과 같다

$$M_r = T_s\left(d-\frac{a}{2}\right)+ T_{frp}\left(h-\frac{a}{2}\right) \quad (4.14)$$

균형파괴

보통 철근콘크리트 보에서 균형파괴는 인장철근이 항복변형률에 도달하는 순간 압축측 콘크리트가 최대변형률 0.0035에 도달하는 것으로 가정하는 경우이다. 외부가 FRP로 보강된 보에 이 개념을 확장할 경우 콘크리트가 ε_{cu}에 도달함과 동시에 FRP 보강재를 극한변형률에 도달해야 한다. 이 조건에서 인장철근은 정확히 항복되어야 한다.

균형조건에서 변형률은 다음과 같은 관계를 갖는다.

$$\frac{c_b}{h} = \frac{\varepsilon_{cu}}{\varepsilon_{cu} + \varepsilon_{frpu} + \varepsilon_{bi}} \quad (4.15)$$

여기서 c_b는 균형조건하에서의 중립축의 깊이이다.
단면에 작용하는 힘은 다음과 같다.

$$C_c = \alpha_1\,\phi_c\,f_c{}'\,\beta_1\,c_b\,b \quad (4.16)$$

$$T_s = \phi_s\,f_y\,A_s \quad (4.17)$$

$$T_{frp} = \phi_{frp}\,E_{frp}\,\varepsilon_{frpu}\,A_{frp} \quad (4.18)$$

균형조건하의 중립축의 위치는 식 (4.15)에서 구할 수 있다.
철근의 양이나 혹은 외측 FRP 보강재의 양은 균형조건을 유지한 상태에서 균형단면의 힘의 평형조건으로부터 구할 수 있다. 즉,

$$\alpha_1\,\phi_c\,f_c{}'\,\beta_1\,c_b\,b = \phi_s\,f_y\,A_s + \phi_{frp}\,E_{frp}\,\varepsilon_{frpu}\,A_{frp} \quad (4.19)$$

균형단면의 저항모멘트는 다음과 같다.

$$M_r = \phi_s\,f_y\,A_s\left(d-\frac{\beta_1 c_b}{2}\right)+\phi_{frp}\,E_{frp}\,\varepsilon_{frpu}\,A_{frp}\left(h-\frac{\beta_1 c_b}{2}\right) \quad (4.20)$$

콘크리트의 압축파괴

휨파괴 형상이 콘크리트 파괴($\varepsilon_c = \varepsilon_{cu} = 0.035$; 구조물, $\varepsilon_c = \varepsilon_{cu} = 0.003$; 교량)에 의하여 시작되었을 경우 철근과 FRP에 작용하는 변형률은 콘크리트의 극한압축 변형률 ε_{cu}의 항으로 다음 같이 결정할 수 있다.

$$\varepsilon_s = \varepsilon_{cu}\left(\frac{d-c}{c}\right) \tag{4.21}$$

$$\varepsilon_{frp} = \varepsilon_{cu}\left(\frac{h-c}{c}\right) - \varepsilon_{bi} \tag{4.22}$$

압축측 표면으로부터 중립축까지의 거리 c, 인장철근은 항복되지 않는 것으로 가정한다면 단면에 작용하는 힘의 평형으로부터 다음과 같은 식을 얻을 수 있다.

$$\begin{aligned}\alpha_1\,\phi_c\,f_c{}'\,\beta_1\,b\,c^2 + (\phi_s\,E_s\,A_s\,\varepsilon_{cu} + \phi_{frp}E_{frp}A_{frp}(\varepsilon_{cu}+\varepsilon_{bi}))\,c \\ -(\phi_s\,E_s\,A_s\,d + \phi_{frp}E_{frp}A_{frp}h\,)\,\varepsilon_{cu} = 0\end{aligned} \tag{4.23}$$

계수저항모멘트는 다음과 같이 계산할 수 있다.

$$M_r = \phi_s\,f_s\,A_s\left(d-\frac{a}{2}\right) + \phi_{frp}\,E_{frp}\,\varepsilon_{frp}\,A_{frp}\left(h-\frac{a}{2}\right) \tag{4.24}$$

여기서 $f_s = \epsilon_s E_s \le f_y$ 이고 ϵ_{frp}는 식 (4.22)에 주어져 있다. 인장철근이 항복한다고 가정하면 식 (4.23)은 다음과 같다.

$$\begin{aligned}\alpha_1\,\phi_c\,f_c{}'\,\beta_1\,b\,c^2 + (\phi_{frp}\,E_{frp}\,A_{frp}\,(\varepsilon_{cu}+\varepsilon_{bi}) - \phi_s\,f_y\,A_s)\,c \\ -\phi_{frp}\,E_{frp}\,A_{frp}\,\varepsilon_{cu}\,h = 0\end{aligned} \tag{4.25}$$

그리고 식 (4.24)는 다음과 같다.

$$M_r = \phi_s\,f_y\,A_s\left(d-\frac{a}{2}\right) + \phi_{frp}\,E_{frp}\,\varepsilon_{frp}\,A_{frp}\left(h-\frac{a}{2}\right) \tag{4.26}$$

FRP의 인장파괴

인장측 FRP 파단이 파괴를 좌우할 때 인장철근의 변형률은 변화없이 ε_y를 초과할 것이다. 그러므로 $f_s = f_y$ 이며, 철근과 콘크리트의 변형률을 다음과 같이 계산한다.

$$\varepsilon_s = (\varepsilon_{frpu} + \varepsilon_{bi})\left(\frac{d-c}{h-c}\right) \tag{4.27}$$

$$\varepsilon_c = (\varepsilon_{frpu} + \varepsilon_{bi})\left(\frac{c}{h-c}\right) \tag{4.28}$$

중립축으로부터 상부 압축측 표면까지의 거리 c는 다음과 같이 주어진다.

$$c = \frac{\phi_s f_y A_s + \phi_{frp} E_{frp} \varepsilon_{frp} A_{frp}}{\alpha_1 \phi_1 f_c' \beta_1 b} \tag{4.29}$$

그리고 계수저항모멘트는 다음과 같이 계산할 수 있다.

$$M_r = \phi_s f_y A_s \left(d - \frac{a}{2}\right) + \phi_{frp} E_{frp} \varepsilon_{frp} A_{frp} \left(h - \frac{a}{2}\right) \tag{4.30}$$

4.5.3.2 설계 "예" 4.1

이 예제는 Lamothe(1999)에 의하여 실험한 FRP로 보강된 보에 관한 내용으로 콘크리트나 철근에 어떠한 초기 변형률도 존재하지 않는다. 즉 $\varepsilon_{bi}=\varepsilon_{ci}=\varepsilon_{si}=0$이고 이 보는 탄소섬유 층으로 보강되었다. FRP로 보강된 단면의 계수저항모멘트 M_r을 계산하는 것으로 구성된다.

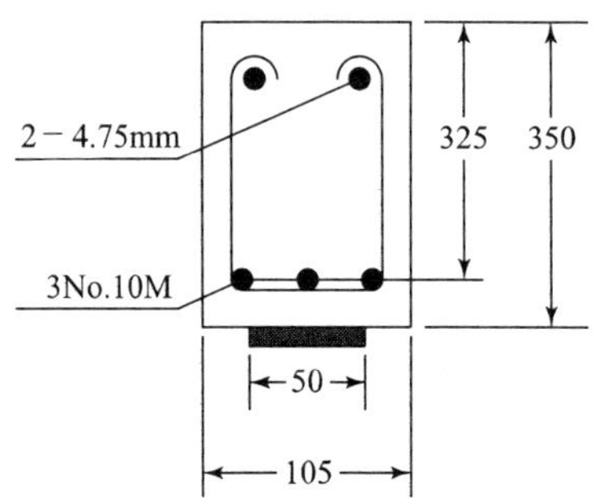

콘크리트 단면	$b=105\text{ mm},\ h=350\text{ mm}$
철근	$A_s=300\text{ mm}^2,\ d=323\text{ mm},\ f_y=430\text{ MPa}$
콘크리트	$f_c'=45\text{ MPa}$
FRP	$A_{frp}=60\text{ mm}^2,\ E_{frp}=155\text{ GPa},\ \varepsilon_{frp}=0.0155,\ \phi_{frp}=0.75$

1. 파괴모드 : 콘크리트 파괴와 철근 항복

2. α_1과 β_1의 계산

$$\alpha_1=0.85-0.0015f_c'\geq 0.67 \tag{4.6a}$$

$$\alpha_1=0.85-0.0015\times 45=0.78>0.67$$

$$\beta_1=0.97-0.0025f_c'\geq 0.67 \tag{4.6b}$$

$$\beta_1=0.97-0.0025\times 45=0.86>0.67$$

3. 압축측의 철근의 영향은 무시한 상태의 중립축까지의 거리

$$\alpha_1\phi_1 f_c{}'\beta_1 bc^2 + (\phi_{frp}E_{frp}A_{frp}(\varepsilon_{cu}+\varepsilon_{bi}) - \phi_s f_y A_S)C - \phi_{frp}E_{frp}A_{frp}\varepsilon_{cu}h = 0 \quad (4.25)$$

$$0.78\times0.6\times45\times0.86\times105\times c^2 + (0.75\times155000\times60\times(0.0035+0.0)$$

$$-0.85\times430\times300)c - 0.75\times155000\times60\times0.0035\times350 = 0$$

$$c = 93.1\ \text{mm}$$

그리고 $a = \beta_1 c = 0.86\times93.1 = 80.1\ \text{mm}$

4. 가정된 파괴모드의 정확 여부를 증명하기 위한 재료의 변형률을 검토한다.

$$\varepsilon_{frp} = \varepsilon_{cu}\left(\frac{h-c}{c}\right) - \varepsilon_{bi} = 0.0035\left(\frac{350-93.1}{93.1}\right) - 0.0 \qquad (4.22)$$

$$\varepsilon_{frp} = 0.00966 < \varepsilon_{frpu}$$

$$\varepsilon_s = \varepsilon_{cu}\left(\frac{d-c}{c}\right) = 0.0035\left(\frac{325-93.1}{93.1}\right) \qquad (4.21)$$

$$\varepsilon_s = 0.00872 > \varepsilon_y (= 0.00215)$$

$\varepsilon_{frp} < \varepsilon_{frpu} (= 0.0155)$ 이므로 철근은 항복되었고 가정한 파괴 모드는 정확하다. 따라서, M_r은 다음과 같다.

$$M_r = \phi_s f_y A_s\left(d - \frac{a}{2}\right) + \phi_{frp}E_{frp}\varepsilon_{frp}A_{frp}\left(h - \frac{a}{2}\right) \qquad (4.26)$$

$$M_r = 0.85\times430\times300\times\left(325 - \frac{80.1}{2}\right)$$
$$+ 0.75\times15500\times0.00966\times60\times\left(350 - \frac{80.1}{2}\right)$$

$$M_r = 52.16\times10^6\ \text{N}\cdot\text{mm} = 52.2\ \text{kN}\cdot\text{m}$$

비교하기 위하여 FRP 보강이 없는 이 보의 계수저항모멘트가 32.9 kN · m인 값에 이론적으로 일치하지 않는다. 32.9 kN · m는 CFRP로 보강한 보의 휨강도에서 얻어진 것이 58 %({(52.2−32.9)/32.9}×100)라는 것을 나타낸다.

4.5.3.3 설계 "예" 4.2

이 예제는 실제에서 직면하고 있는 대표적인 수치를 갖는 보를 다루었다. 그러나 적당한 철근량과 적은 양의 외부 FRP 보강재를 갖는 보를 다루었다. 콘크리트와 철근 모두 초기 변형률은 무시한 것으로 가정하였다. $(\varepsilon_{bi}=\varepsilon_{ci}=\varepsilon_{si}=0)$

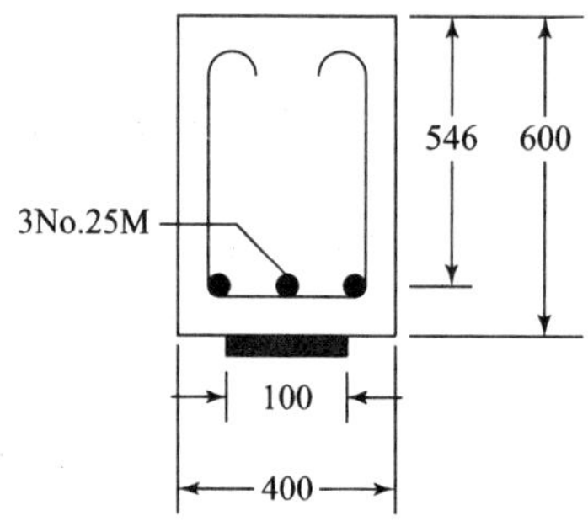

콘크리트 단면	$b=400\ \text{mm},\ h=600\ \text{mm}$
철근	$A_s=1500\ \text{mm}^2,\ d=546\ \text{mm},\ f_y=400\ \text{MPa}$
콘크리트	$f_c'=45\ \text{MPa}$
FRP	$A_{frp}=120\ \text{mm}^2,\ E_{frp}=155\ \text{GPa},\ \varepsilon_{frp}=0.0155,\ \phi_{frp}=0.75$

1. FRP의 인장파괴와 인장철근의 항복으로 가정한다.

2. α_1과 β_1의 계산

$$\alpha_1=0.85-0.0015f_c'\geq 0.67 \tag{4.6a}$$

$$\alpha_1=0.85-0.0015\times 45=0.78>0.67$$

$$\beta_1=0.97-0.0025f_c'\geq 0.67 \tag{4.6b}$$

$$\beta_1=0.97-0.0025\times 45=0.86>0.67$$

3. 중립축까지의 거리 c

$$c = \frac{\phi_s f_y A_s + \phi_{frp} E_{frp} \varepsilon_{frpu} A_{frp}}{\alpha_1 \phi_c f_c{}' \beta_1 b}$$

$$c = \frac{0.85 \times 400 \times 1500 \times 0.75 \times 155000 \times 0.0155 \times 120}{0.78 \times 0.6 \times 45 \times 0.86 \times 400}$$

$c = 100\ \mathrm{mm}$

그리고 $a = \beta_1 c = 0.86 \times 100 = 86\ \mathrm{mm}$

4. 가정된 파괴모드가 정확한지 여부를 증명하기 위하여 재료의 변형률을 계산한다.

$$\varepsilon_s = (\varepsilon_{frpu} + \varepsilon_{bi})\left(\frac{d-c}{h-c}\right) = (0.0155 + 0.0)\left(\frac{546-100}{600-100}\right) \tag{4.27}$$

$\varepsilon_s = 0.0138 > \varepsilon_s (= 0.002)$

$$\varepsilon_c = (\varepsilon_{frpu} + \varepsilon_{bi})\left(\frac{c}{h-c}\right) = (0.0155 + 0.0)\left(\frac{100}{600-100}\right) \tag{4.28}$$

$\varepsilon_s = 0.0031 < 0.0035$

$\varepsilon_s = \varepsilon_y (= 0.002)$이고 $\varepsilon_c = 0.0031 < \varepsilon_{cu}$이므로

가정한 파괴모드는 정확하고 M_r를 계산할 수 있다.

$$M_r = \phi_s f_y A_s \left(d - \frac{a}{2}\right) + \phi_{frp} E_{frp} \varepsilon_{frp} A_{frp} \left(h - \frac{a}{2}\right) \tag{4.30}$$

$$M_r = 0.85 \times 400 \times 1500 \left(546 - \frac{86}{2}\right) + 0.75 \times 155000 \times 0.0155 \times 120 \left(600 - \frac{86}{2}\right)$$

$M_r = 377.0 \times 10^6\ \mathrm{N \cdot mm} = 377\ \mathrm{kN \cdot m}$

비교하기 위하여 FRP 보강이 없는 보의 계수저항모멘트는 263 kN · m이고 FRP 보강에 의한 휨강도에서 얻어지는 값은 43 %({(377 − 263)/263}×100)라는 것을 가르킨다.

4.5.3.4 설계 "예" 4.3

이 예제는"예"4.2의 연속으로서 보의 파괴에 균형을 찾는데 필요한 외부 FRP 보강재의 단면적을 결정하고자 하는 문제이다. 이상에서와 같이 구조물의 초기 변형률을 고려하지 않는다.

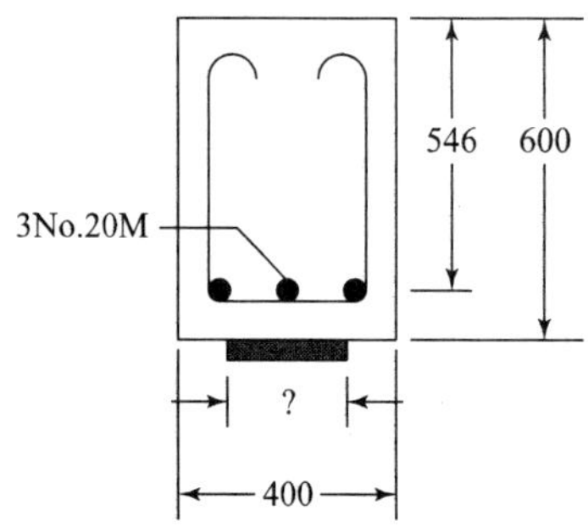

콘크리트 단면	$b=400$ mm , $h=600$ mm
철근	$A_s=900\ \mathrm{mm}^2$, $d=546$ mm, $f_y=400$ MPa
콘크리트	$f_c'=45$ MPa
FRP	$A_{frp}=?$, $E_{frp}=155$ GPa, $\varepsilon_{frp}=0.0155$, $\phi_{frp}=0.75$

1. 앞의 예제에서 $\alpha_1=0.78, \beta=0.86$

2. 중립축까지 거리 c_b

$$c_b = h\frac{\varepsilon_{cu}}{\varepsilon_{cu}+\varepsilon_{frpu}+\varepsilon_{bi}} \tag{4.15}$$

$$= 600\times\frac{0.0035}{(0.0035+0.0155+0.0)} = 110.53$$

3. 철근의 변형률 계산

$$\varepsilon_s = \varepsilon_{cu}\left(\frac{d-c_b}{c_b}\right) = 0.0035\left(\frac{546-110.53}{110.53}\right) = 0.01379 > \varepsilon_y \tag{4.21}$$

4. 균형파괴가 되기 위해 필요한 외부 FRP 보강재의 단면적 계산

$$A_{frp} = \frac{\alpha_1 \phi_1 f_c{}' \beta_1 c_b\, b - \phi_s f_y A_s}{\phi_{frp} E_{frp} \varepsilon_{frp}} \tag{4.19}$$

$$= \frac{0.78 \times 0.6 \times 45 \times 0.86 \times 110.53 \times 400 \times - 0.85 \times 400 \times 900}{0.75 \times 155000 \times 0.0155}$$

$$= 275 \text{ mm}^2$$

5. 균형단면의 계수저항모멘트의 결정

$$M_r = \phi_s f_y A_s \left(d - \frac{\beta_1 c_b}{2}\right) + \phi_{frp} E_{frp} \varepsilon_{frp} A_{frp} \left(h_1 - \frac{\beta_1 c_b}{2}\right) \tag{4.20}$$

$$= 0.85 \times 400 \times 900 \times \left(546 - \frac{0.86 \times 110.53}{2}\right) + 0.75 \times 155000 \times 0.0155 \times 275 \times \left(600 - \frac{0.86 \times 110.53}{2}\right)$$

$$M_r = 426 \times 10^6 \text{ N} \cdot \text{mm} = 426 \text{ kN} \cdot \text{mm}$$

균형파괴가 되기 위해 필요한 FRP 단면적의 감소를 유도하기 위하여 저항계수를 이용할 뿐만 아니라 계수저항모멘트의 현저한 감소를 유도할 수 있다는 사실에 주목해야 한다.

4.5.3.5 복철근보

인장과 압축 측에 철근을 갖는 휨부재의 경우 전절의 변형률 방정식 (4.8)과 내력 방정식 (4.10 ~ 4.12)은 아직 유효하다. 응력-변형률 분포에서 설명한 바와 같이 압축철근을 고려한 새로운 항을 고려해야한다.

$$\frac{\varepsilon_c}{c} = \frac{\varepsilon_s}{d-c} = \frac{\varepsilon_{frp} + \varepsilon_{bi}}{h-c} = \frac{\varepsilon_s}{c-d'} \tag{4.31}$$

$$C_s = \phi_s f_s{}' A_s{}' \tag{4.32}$$

여기서 $A_s{}'$, $\varepsilon_s{}'$, $f_y{}'$, C_s, d'는 압축철근의 단면적, 압축, 변형률 철근의 압축항복

응력, 압축력, 압축 층 표면으로부터 압축철근의 중심까지의 거리이다. 중립축의 위치 c는 이 방정식과 다음의 힘의 평형방정식을 사용하여 구할 수 있다.

$$\alpha_1\phi_1 f_c{}'\beta_1 bc + \phi_s f_s{}' A_s{}' = \phi_s f_s A_s + \phi_{frp} E_{frp}\varepsilon_{frp} A_{frp} \tag{4.33}$$

여기서 $f_s{}' = E_s\varepsilon_s{}' \leq f_y$

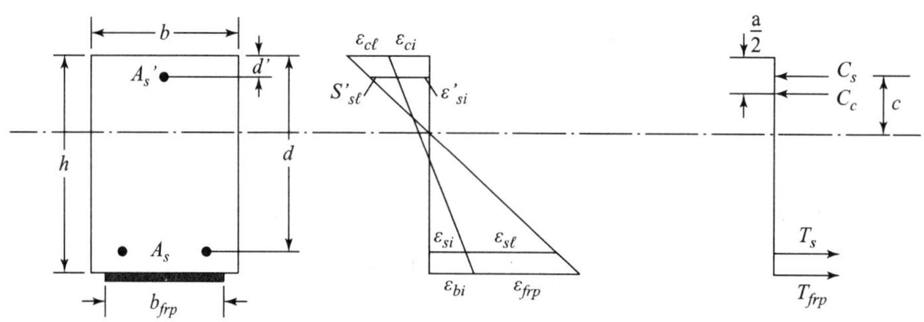

그림 4.2 응력–변형률 분포

콘크리트의 압축파괴

파괴현상이 콘크리트 파괴일 경우 압축과 인장 철근과 FRP 변형률은 다음과 같은 콘크리트 변형률 항으로 표시할 수 있다.

$$\varepsilon_s{}' = \varepsilon_{si}{}' + \varepsilon_{sl}{}' = \varepsilon_{cu}\left(\frac{c-d'}{c}\right) \tag{4.34a}$$

$$\varepsilon_s = \varepsilon_{si} + \varepsilon_{sl} = \varepsilon_{cu}\left(\frac{d-c}{c}\right) \tag{4.34b}$$

$$\varepsilon_{frp} = \varepsilon_{cu}\left(\frac{h-c}{c}\right) - \varepsilon_{bi} \tag{4.34c}$$

여기서 $\varepsilon_{si}{}'$ 와 $\varepsilon_{sl}{}'$는 압축철근에서의 초기와 추가 변형률이다. 압축 또는 인장 어떠한 철근도 항복되지 않았을 때 중립축의 위치는 다음과 같이 c의 항으로 표시된 2차방정식에 의하여 결정된다.

$$\alpha_1\phi_c f_c{}'\beta_1 bc^2 + [\phi_s E_s\varepsilon_{cu}(A_s + A_s{}') + \phi_{frp}E_{frp}A_{frp}(\varepsilon_{cu} - \varepsilon_{bi})]c$$
$$-(\phi_s E_s\varepsilon_{cu}(A_{sd} + A_{sd}{}') + \phi_{frp}E_{frp}A_{frp}h\varepsilon_{cu} = 0 \quad (4.35)$$

계수저항모멘트는 다음으로부터 계산된다.

$$M_r = \phi_s f_y A_s\left(d - \frac{a}{2}\right) - \phi_s f_y{}' A_s{}'\left(d' - \frac{a}{2}\right) + \phi_{frp}E_{frp}\varepsilon_{frp}A_{frp}\left(h - \frac{a}{2}\right) \quad (4.36)$$

인장과 압축 철근 모두 항복되었을 경우 식 (4.35)와 식 (4.36)은 다음과 같다.

$$\alpha_1\phi_c f_c{}'\beta_1 bc^2 + [\phi_{frp}E_{frp}(\varepsilon_{cu} + \varepsilon_{bi}) - \phi_s f_y(A_s - A_s{}')]c - \phi_{frp}E_{frp}A_{frp}h\varepsilon_{cu} = 0 \quad (4.37)$$

그리고

$$M_r = \phi_s\, f_y\left[A_s\left(d - \frac{a}{2}\right) - A_s{}'\left(d' - \frac{a}{2}\right)\right] + \phi_{frp}E_{frp}\varepsilon_{frp}A_{frp}\left(h - \frac{a}{2}\right) \quad (4.38)$$

FRP의 인장파괴

파괴현상이 FRP의 인장파단일 경우 인장철근은 변함없이 항복($\varepsilon_s > \varepsilon_y$)되고 변형률은 다음과 같이 계산된다.

$$\varepsilon_s{}' = \varepsilon_{si}{}' + \varepsilon_{si}{}' = (\varepsilon_{frpu} + \varepsilon_{bi})\left(\frac{c - d'}{h - c}\right) \quad (4.39a)$$

$$\varepsilon_s = \varepsilon_{si} + \varepsilon_{sl} = (\varepsilon_{frpu} + \varepsilon_{bi})\left(\frac{d - c}{h - c}\right) \quad (4.39b)$$

$$\varepsilon_c = \varepsilon_{ci} + \varepsilon_{cl} = (\varepsilon_{frpu} + \varepsilon_{bi})\left(\frac{c}{h - c}\right) \quad (4.39c)$$

중립축의 위치는 식 (4.33)과 식 (4.39a)을 더해서 얻어지고, FRP에서의 변형률을 극한인장변형률로 대치함으로서 얻어진다. 식 (4.39b)을 사용하여 인장철근의 항복을 증명한 후 계수저항모멘트는 다음과 같이 계산된다.

$$M_r = \phi_s f_y A_s \left(d - \frac{a}{2}\right) - \phi_s f_s{}' A_s{}' \left(d' - \frac{a}{2}\right) + \phi_{frp} E_{frp} \varepsilon_{frpu} A_{frp} \left(h - \frac{a}{2}\right) \tag{4.40}$$

인장과 압축 철근 모두 항복되었을 경우 식 (4.40)은 다음과 같다.

$$M_r = \phi_s f_s \left[A_s \left(d - \frac{a}{2}\right) - A_s{}' \left(d' - \frac{a}{2}\right)\right] + \phi_{frp} E_{frp} \varepsilon_{frpu} A_{frp} \left(h - \frac{a}{2}\right) \tag{4.41}$$

균형파괴

콘크리트와 FRP가 동시에 파괴변형률에 도달하기 전에 압축과 인장 철근 모두 항복된 것을 의미한다. 즉 $\varepsilon_S{}' \geq \varepsilon_y$, $\varepsilon_s \geq \varepsilon_y$, $\varepsilon_c = \varepsilon_{cu}$ 그리고 $\varepsilon_{frp} = \varepsilon_{frpu}$

균형조건하의 중립축의 위치는 식 (4.15)를 이용하여 구할 수 있고 철근에서의 변형률은 식 (4.34)와 식 (4.39)에 의하여 얻을 수 있다. 평형조건은 식 (4.16), 식 (4.17), 식 (4.18)에 의하여 계산된 힘으로부터 얻을 수 있다.

$$C_s = \phi_s f_y A_s{}' \tag{4.42}$$

균형조건이 만족되기 위한 외부 FRP 보장재의 양은 다음과 같은 균형단면의 힘의 평형으로부터 얻을 수 있다.

$$\alpha_1 \phi_c f_c{}' \beta_1 c_b b + \phi_s f_y A_s{}' = \phi_s f_y A_s + \phi_{frp} E_{frp} \varepsilon_{frpu} A_{frp} \tag{4.43}$$

따라서

$$A_{frp} = \frac{\phi_c \alpha_1 f_c{}' \beta_1 b c_b - \phi_s f_y (A_s - A_s{}')}{\phi_{frp} E_{frp} \varepsilon_{frpu}} \tag{4.44}$$

계수저항모멘트 계산에서 $a = \beta_1 c_b$로서 식 (4.41)을 이용하여 계산할 수 있다.

4.5.3.6 설계 “예” 4.4

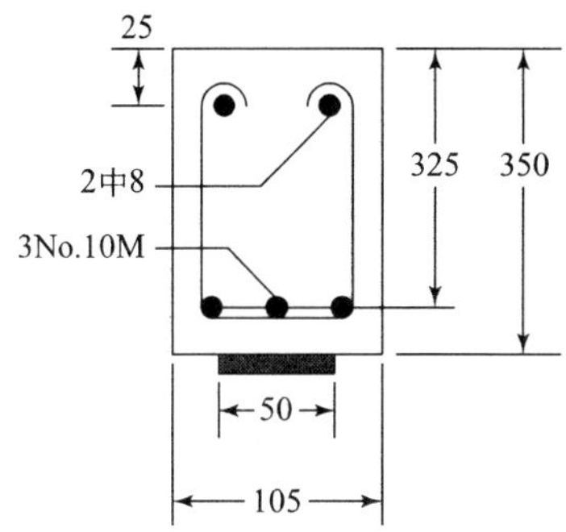

콘크리트 단면	$b = 105\ \mathrm{mm}$, $h = 350\ \mathrm{mm}$
철근	$A_s = 300\ \mathrm{mm}^2$, $A_s' = 100\ \mathrm{mm}^2$, $d = 325\ \mathrm{mm}$, $d' = 25\ \mathrm{mm}$, $f_y = 430\ \mathrm{MPa}$
콘크리트	$f_c' = 45\ \mathrm{MPa}$
FRP	$A_{frp} = 60\ \mathrm{mm}^2$, $E_{frp} = 155\ \mathrm{GPa}$, $\varepsilon_{frpu} = 0.0155$, $\phi_{frp} = 0.75$

1. 콘크리트 파괴형상과 인장과 압축 철근 모두 항복할 경우, 콘크리트와 철근 모두의 초기변형률은 무시하는 것으로 가정한다.

2. α_1과 β_1의 계산

$$\alpha_1 = 0.85 - 0.0015 f_c' \geq 0.67 \tag{4.6a}$$

$$\alpha_1 = 0.85 - 0.0015(45) = 0.78 > 0.67$$

$$\beta_1 = 0.97 - 0.0025 f_c' \geq 0.67 \tag{4.6b}$$

$$\beta_1 = 0.97 - 0.0025(45) = 0.86 > 0.67$$

3. 중립축의 위치 계산

$$\alpha_1 \phi_c f_c' \beta_1 b c^2 + \left[\phi_{frp} E_{frp} A_{frp} (\varepsilon_{cu} + \varepsilon_{bi}) - \phi_s f_y (A_s - A_s')\right] c - \phi_{frp} E_{frp} A_{frp} h \varepsilon_{cu} = 0 \tag{4.37}$$

$$0.78 \times 0.645 \times 0.86 \times 105 \times c^2$$
$$+ [0.75 \times 155.000 \times 60(0.0035 + 0.0) - 0.85 \times 430(300 - 100)]\ c$$
$$- 0.75 \times 155.000 \times 60 \times 350 \times 0.0035 = 0$$

$$c = 81.0\ \text{mm}$$
$$a = \beta_1 c = 0.86 \times 81.0 = 69.7\ \text{mm}$$

4. 가정한 파괴형상이 정확한지의 여부를 증명하기 위한 재료에서의 변형률 검토

$$\varepsilon_c{}' = \varepsilon_{cu}\left(\frac{c-d'}{c}\right) = 0.0035\left(\frac{81.0-25}{81.0}\right) \tag{4.34a}$$

$$\varepsilon_s{}' = 0.00242 > 0.00215$$

$$\varepsilon_s = \varepsilon_{cu}\left(\frac{d-c}{c}\right) = 0.0035\left(\frac{325-81.0}{81.0}\right) \tag{4.34b}$$

$$\varepsilon_s = 0.01054 > 0.00215$$

항복변형률보다 큰 압축과 인장 철근 모두에서 변형률, 초기과정은 타당하고 그리고 계산하면

$$\varepsilon_{frp} = \varepsilon_{cu}\left(\frac{h-c}{c}\right) - \varepsilon_{bi} = 0.0035\left(\frac{350-81.0}{81.0}\right) - 0.0 = 0.01162 \tag{4.34c}$$

FRP에서의 변형률이 극한변형률 $\varepsilon_{frpu} = 0.0155$보다 적다. 그러므로 가정한 콘크리트 파괴형상은 정확하다.

5. 계수저항모멘트는 다음과 같이 계산된다.

$$M_r = \phi_s f_y\left[A_s\left(d - \frac{a}{2}\right) - A_s{}'\left(d' - \frac{a}{2}\right)\right] + \phi_{frp} E_{frp} \varepsilon_{frp} A_{frp}\left(h - \frac{a}{2}\right) \tag{4.38}$$

$$M_r = 0.85 \times 430\left[300 \times \left(325 - \frac{69.7}{2}\right) - 100 \times \left(25 - \frac{69.7}{2}\right)\right]$$
$$+ 0.75 \times 155.000 \times 0.01162 \times 60\left(350 - \frac{69.7}{2}\right)$$

$$M_r = 57.71 \times 10^6\ \text{N} \cdot \text{mm} = 57.7\ \text{kN} \cdot \text{m}$$

비교해보면, FRP 보강이 없는 보는 33.4 kN · m의 계수저항모멘트를 갖는다. 이 것은 FRP 보강에 의한 얻어진 휨강도에 대해 73 %({(57.7−33.4)/33.4}×100)이다.

4.5.3.7 설계 "예" 4.5

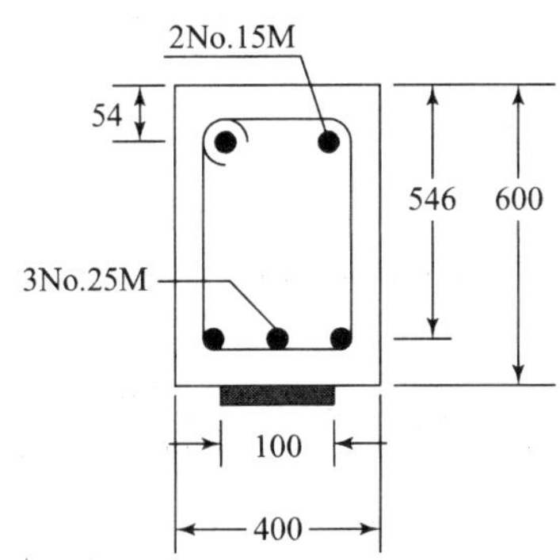

콘크리트 단면	$b = 400\ \text{mm}$, $h = 600\ \text{mm}$
철근	$A_s = 1500\ \text{mm}^2$, $A_s{}' = 400\ \text{mm}^2$, $d = 546\ \text{mm}$, $d' = 54\ \text{mm}$, $f_y = 400\ \text{MPa}$
콘크리트	$f_c{}' = 45\ \text{MPa}$
FRP	$A_{frp} = 120\ \text{mm}^2$, $E_{frp} = 155\ \text{GPa}$, $\varepsilon_{frpu} = 0.0155$, $\phi_{frp} = 0.75$

1. FRP의 인장파괴와 인장철근의 항복만으로 가정한다. 콘크리트와 철근 모두의 초기변형률은 무시한 것으로 가정한다.
   $(\varepsilon_{bi} = \varepsilon_{ci} = \varepsilon_{si} = \varepsilon_{si}{}' = 0)$

2. α_1과 β_1의 계산

$$\alpha_1 = 0.85 - 0.0015 f_c{}' \geq 0.67 \quad (4.6a)$$

$$\beta_1 = 0.97 - 0.0025 f_c{}' \geq 0.67 \quad (4.6b)$$

$$\alpha_1 = 0.85 - 0.0015(45) = 0.78 > 0.67$$

$\beta_1 = 0.97 - 0.0025(45) = 0.86 > 0.67$

3. 힘의 평형조건으로부터 중립축의 위치 계산

$$\alpha_1\phi_c f_c{'}\beta_1 b_c + \phi_s E_s A_s{'}\epsilon_{frpu}\left(\frac{c-d'}{h-c}\right) = \phi_s f_y A_s + \phi_{frp}E_{frp}\epsilon_{frpu}A_{frp}$$

$$0.78\times0.6\times45\times0.86\times400\times c + 0.85\times200{,}000\times400\times0.0155\left(\frac{c-54}{600-c}\right)$$
$$= 0.85\times400\times1500 + 0.75\times155{,}000\times0.0155\times120$$

$c = 86.4\,\text{mm}$

그리고 $\alpha = \beta_1 c = 0.86\times86.4 = 74.3\,\text{mm}$

$$\varepsilon_s{'} = (\varepsilon_{frpu}+\varepsilon_{bi})\left(\frac{c-d'}{h-c}\right) = (0.0155+0.0)\left(\frac{86.4-54}{600-86.4}\right) = 0.00098 \quad (4.39a)$$

$$\varepsilon_s = (\varepsilon_{frpu}+\varepsilon_{bi})\left(\frac{d-c}{h-c}\right) = (0.0155+0.0)\left(\frac{546-86.4}{600-86.4}\right) \quad (4.39b)$$

$\varepsilon_s = 0.0139 > 0.002$

$$\varepsilon_s = (\varepsilon_{frpu}+\varepsilon_{bi})\left(\frac{c}{h-c}\right) = (0.0155+0.0)\left(\frac{86.4}{600-86.4}\right) \quad (4.39c)$$

$\varepsilon_s = 0.00261 < 0.0035$

가정한 인장파괴 형상은 정확하다.

4. 계수저항모멘트는 다음으로부터 계산된다.

$$M_r = \phi_s f_y A_s\left(d-\frac{a}{2}\right) - \phi_s f_y{'}A_s{'}\left(d'-\frac{a}{2}\right) + \phi_{frp}E_{frp}\varepsilon_{frpu}A_{frp}\left(h-\frac{a}{2}\right) \quad (4.40)$$

$$M_r = 0.85\times400\times1500\left(546-\frac{74.3}{2}\right) - 0.85\times200{,}00\times0.00167\times400\left(54-\frac{74.3}{2}\right)$$
$$+0.75\times155{,}000\times0.0155\times120\left(600-\frac{74.3}{2}\right)$$

$M_r = 379\times10^6\ \text{N}\cdot\text{mm} = 379\ \text{kN}\cdot\text{m}$

비교해보기 위하여 FRP 보강 없는 이 보는 263 kN · m의 계수저항모멘트를 갖는다. FRP 보강에 의한 휨강도에 대해 44%({(379 − 263)/263}×100)를 얻는다.

4.5.4 T형보

4.5.4.1 설계원리

그림 4.3은 T형보 단면의 경우의 기하학적 매개변수를 나타낸다. 단면에서 응력분포는 그림 4.1에서 보여준 직사각형 단면보와 유사하다. 압축철근이 T형보에서 주어져 있을 때 4.5.3.5 절에서 제시된 유사한 방법으로 부가적 공헌도를 갖는다. 콘크리트와 철근에서의 초기변형률의 영향은 직사각형 단면의 경우와 같이 유사한 방법으로 고려되어야 한다. 첫단계는 중립축의 위치를 구하는 일이고, 등가응력

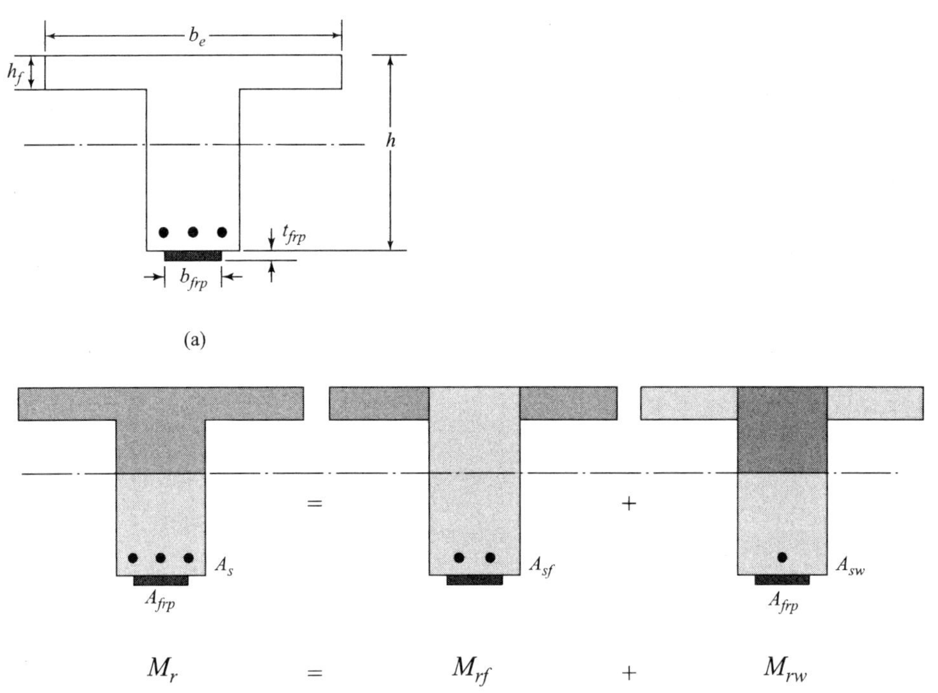

그림 4.3 (a) T–빔의 기하학적 매개변수 (b) 계수저항모멘트

직사각형 블럭의 높이가 플랜지 두께보다 작을 때 $(a < h_f)$, 해석은 압축측 플랜지 폭, b_e을 갖는 등가 직사각형 보의 경우와 유사하다. 즉 4.5.3절에서 $b = b_e$로 주어진 방법을 사용하면 된다.

다음과 같은 방정식을 만족하는 모든 T형보는 직사각형 단면과 같이 거동한다. 왜냐하면 중립축이 항상 슬래브 두께 이내에 위치하기 때문이다.

$$h_f \geq \frac{\phi_s\, f_y\, A_s + \phi_{frp}\, E_{frp}\, \varepsilon_{frpu}\, A_{frp}}{\alpha_1\, \phi_c\, f_c{}'\, \beta_1\, b_e} \tag{4.45}$$

만약 등가응력 직사각형 블럭의 높이가 복부 내에 존재한다면, 즉 $a > h$라면, 그 보는 T형보로 거동한다. T형 단면의 압축영역이 그림 4.3(b)에서 보여준 바와 같이 나누어져 있어야한다. 플랜지 부분의 압축력의 합 C_f와 복부의 압축력의 합 C_w는 다음과 같이 주어진다.

$$C_f = \alpha_1 \phi_c f_c{}' (b_e - b_w) h_f \tag{4.46a}$$

$$C_w = \alpha_1 \phi_c f_c{}' \beta_1 c\, b_w \tag{4.46b}$$

여기서 b_w는 복부의 폭이다. 인장력의 합은 다음과 같이 표시할 수 있다.

$$T_s = \phi_s f_s A_s \tag{4.47a}$$

$$T_{frp} = \phi_{frp} f_{frp} A_{frp} \tag{4.47b}$$

인장철근의 항복을 가정한다면 슬래브에 속한 콘크리트 압축력에 평형되는 철근 단면적 A_{sf}는 다음과 같이 주어진다.

$$\alpha_1 \phi_c f_c{}' (b_e - b_w) h_f = \phi_s f_y A_{sf} \tag{4.48}$$

여기서 A_{sf}는 다음과 같다.

$$A_{sf} = \frac{\alpha_1 \phi_c f_c{}' (b_e - b_w) h_f}{\phi_s f_y} \tag{4.49}$$

(주) A_{sf}값은 A_s보다 커질 수 있다.

중립축의 위치는 다음으로부터 결정된다.

$$\alpha_1 \phi_c f_c{}' \beta_1 b_w c = \phi_s f_y A_{sw} + \phi_{frp} E_{frp} \varepsilon_{frp} A_{frp} \tag{4.50}$$

여기서 A_{sw} 즉, 인장철근의 나머지 부분은 다음과 같다.

$$A_{sw} = A_s - A_{sf} \tag{4.51}$$

비교적 많은 양의 FRP 보강재를 갖는 보의 경우 A_{sw}의 경우 "음"의 값을 계산할 가능성이 있다. 이 위치는 T_{frp}의 부분이 콘크리트 플랜지에서의 압축에 평형을 이루는데 공헌한다는 것을 의미한다. 그렇지만 여기에 제시된 방정식은 타당하다. T형보 거동(즉 $a > h_f$)의 경우에 계수저항모멘트 M_r은 두 단계에 의해 결정된다. 첫째 플랜지 부분의 계수저항모멘트는 다음과 같이 주어진다.

$$M_{rf} = \phi_s f_y A_{sf} \left(d - \frac{h_f}{2} \right) \tag{4.52}$$

계수저항모멘트의 두 번째 부분은 인장철근의 나머지인 콘크리트 복부 단면이 부담한다. 그리고 FRP는 다음과 같이 주어진다.

$$M_{rw} = \phi_s f_y A_{sw} \left(d - \frac{a}{2} \right) + \phi_{frp} E_{frp} \varepsilon_{frp} A_{frp} \left(h - \frac{a}{2} \right) \tag{4.53}$$

계수저항모멘트의 합은 다음과 같다.

$$M_r = M_{rf} + M_{rw} \tag{4.54}$$

4.5.4.2. 설계 "예" 4.6

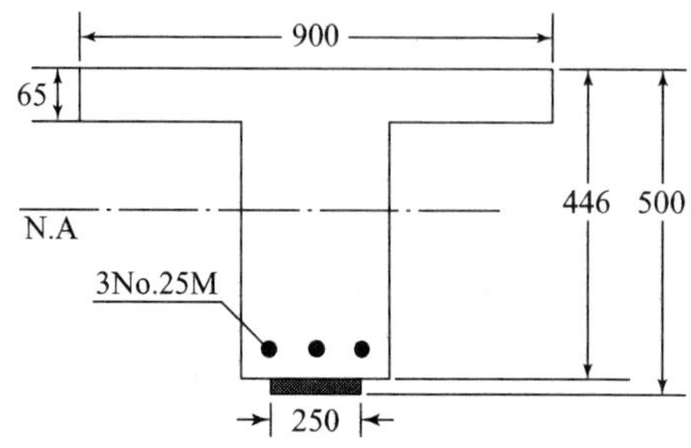

콘크리트 단면	$b_w = 250$ mm, $b_e = 900$ mm, $h = 500$ mm, $h_f = 65$ mm, $f_c' = 45$ MPa
철근	$A_s = 1500$ mm^2, $f_y = 400$ MPa, $d = 446$ mm
콘크리트	$f_c' = 45$ MPa
FRP	$A_{sf} = 60$ mm^2, $E_{frp} = 155$ GPa, $\varepsilon_{frp} = 0.0155$, $\phi_{frp} = 0.75$

1. α_1과 β_1 계산

$$\alpha_1 = 0.85 - 0.0015 f_c' \geq 0.67 \tag{4.6a}$$

$$\alpha_1 = 0.85 - 0.0015(45) = 0.78 > 0.67$$

$$\beta_1 = 0.97 - 0.0025 f_c' \geq 0.67 \tag{4.6b}$$

$$\beta_1 = 0.97 - 0.0025(45) = 0.86 > 0.67$$

2. 슬래브 두께가 보의 직사각형 단면보로 거동하는가의 여부의 검토

$$h_f \geq \frac{\phi_s f_y A_s + \phi_{frp} E_{frp} \varepsilon_{frpu} A_{frp}}{\alpha_1 \phi_c f_c' \beta_1 b_e} \tag{4.45}$$

$$65 \geq \frac{0.85 \times 400 \times 1500 + 0.75 \times 155{,}000 \times 0.0155 \times 60}{0.78 \times 0.6 \times 45 \times 0.86 \times 900} = 37.9 \text{ mm}$$

T형보의 거동은 $b = b_e$ 인 직사각형 보의 거동과 일치한다.

3. 인장철근의 항복과 콘크리트 파괴형상의 가정하에 중립축까지의 거리

$$\alpha_1 \phi_c f_c{}' \beta_1 b_e c^2 + (\phi_{frp} E_{frp} A_{frp} (\varepsilon_{cu} + \varepsilon_{bi}) - \phi_s f_y A_s) c - \phi_{frp} E_{frp} A_{frp} \varepsilon_{cu} h = 0 \tag{4.25}$$

$$0.78 \times 0.6 \times 45 \times 0.86 \times 900 \times c^2 + (0.75 \times 155{,}000 \times 60 (0.0035 + 0.0)$$

$$- 0.85 \times 400 \times 1500) c - 0.75 \times 155{,}000 \times 60 \times 0.0035 \times 500 = 0$$

여기서 $c = 46.0\ \mathrm{mm}$

그리고 $a = 0.86 \times 46.0 = 39.5\ \mathrm{mm} < h_f = 65\ \mathrm{mm}$ 계산된 중립축의 위치는 콘크리트 슬래브 내에 위치해 있다.

4. ε_{frp}의 계산

$$\varepsilon_{frp} = \varepsilon_{cu} \left[\frac{h - c}{c} \right] - \varepsilon_{bi} \tag{4.22}$$

$$\varepsilon_{frp} = 0.0035 \left(\frac{500 - 46.0}{46.0} \right) - 0.0 = 0.0345 > \varepsilon_{frpu} = 0.0155$$

가정한 형상은 FRP에서의 변형률은 극한값을 초과하였음으로 옳지 않다. 따라서 파괴는 인장을 받는 FRP의 파단에 의하여 시작된다. 즉 $\varepsilon_{frp} = 0.0155$

그리고 인장파괴의 경우, 중립축의 위치를 계산하면

$$c = \frac{\phi_s f_y A_s + \phi_{frp} E_{frp} \varepsilon_{frpu} A_{frp}}{\alpha_1 \phi_c f_c{}' \beta_1 b_e} \tag{4.29}$$

$$c = \frac{0.85 \times 400 \times 1500 + 0.75 \times 155{,}000 \times 0.0155 \times 60}{0.78 \times 0.6 \times 45 \times 0.86 \times 900} = 37.9\ \mathrm{mm}$$

그리고 $a = 0.86 \times 37.9 = 32.6\ \mathrm{mm} < h_f = 65\ \mathrm{mm}$

최대 콘크리트 변형률 검토

$$\varepsilon_c = (\varepsilon_{frpu} + \varepsilon_{bi}) \left(\frac{c}{h - c} \right) \tag{4.28}$$

$$\varepsilon_c = (0.0155 + 0.0)\left(\frac{37.9}{500 - 37.9}\right) = 0.00127 < \varepsilon_{cu} = 0.0035$$

그리고 최대 철근변형률은

$$\varepsilon_s = (\varepsilon_{frpu} + \varepsilon_{bi})\left(\frac{d-c}{h-c}\right) \tag{4.27}$$

$$\varepsilon_s = (0.0155 + 0.0)\left(\frac{446 - 37.9}{500 - 39.7}\right) = 0.0137 > \varepsilon_y = 0.002$$

가정한 인장측 FRP의 파단에 의한 파괴형상은 정확하다. 그리고 철근은 항복되었다.

5. 계수저항모멘트는 다음을 이용하여 계산한다.

$$M_r = \phi_s f_y A_s\left(d - \frac{a}{2}\right) + \phi_{frp} E_{frp} \varepsilon_{frpu} A_{frp}\left(h - \frac{a}{2}\right) \tag{4.30}$$

$$M_r = 0.85 \times 400 \times 1500\left(446 - \frac{32.6}{2}\right) + 0.75 \times 155{,}000 \times 0.0155 \times 60 \times \left(500 - \frac{32.6}{2}\right)$$
$$= 271.5 \times 10^6\ \mathrm{N \cdot mm} = 271\ \mathrm{kN \cdot m}$$

비교해보면 FRP 보강이 없는 이 보는 221 kN · m의 값을 갖는 계수저항모멘트를 갖는다. 휨강도에 대해 FRP 보강에 의한 영향은 23 %({(271 − 221)/221}×100)이다.

4.5.4.3 설계 "예" 4.7

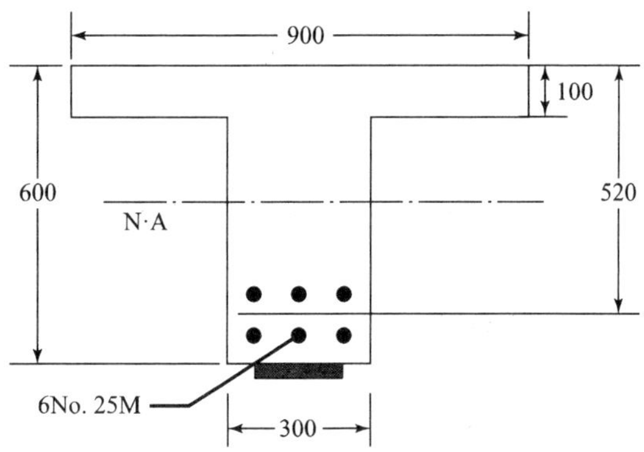

콘크리트단면	$b_w = 300\ \mathrm{mm}$, $b_e = 900\ \mathrm{mm}$, $h = 600\ \mathrm{mm}$, $h_f = 100\ \mathrm{mm}$, $f_c{}' = 30\ \mathrm{MPa}$
철근	$A_s = 3000\ \mathrm{mm}^2$, $f_y = 400\ \mathrm{MPa}$, $d = 520\ \mathrm{mm}$
콘크리트	$f_c{}' = 45\ \mathrm{MPa}$
FRP	$A_{frp} = 180\ \mathrm{mm}^2$, $E_{frp} = 155\ \mathrm{GPa}$, $\varepsilon_{frpu} = 0.0155$

1. α_1과 β_1의 계산

$$\alpha_1 = 0.85 - 0.0015 f_c{}' \geq 0.67 \quad (4.6a)$$

$$\alpha_1 = 0.85 - 0.0015(30) = 0.81 \geq 0.67$$

$$\beta_1 = 0.97 - 0.0025 f_c{}' \geq 0.67 \quad (4.6b)$$

$$\beta_1 = 0.97 - 0.0025(30) = 0.90 \geq 0.67$$

2. 슬래브 두께가 직사각형 단면으로서 거동하는가의 여부 검토

$$h_f \geq \frac{\phi_s f_y A_s + \phi_{frp} E_{frp} \varepsilon_{frpu} A_{frp}}{\alpha_1 \phi_c f_c{}' \beta_1 b_e} \quad (4.45)$$

$$100 < \frac{0.85 \times 400 \times 3000 + 0.75 \times 155{,}000 \times 0.00155 \times 180}{0.81 \times 0.6 \times 30 \times 0.90 \times 900} = 113.8\ \mathrm{mm}$$

T형보 거동으로 가정하고, 압축파괴에 따른 철근의 항복

3. 플랜지에서의 압축력에 평형하는 철근 단면적을 관계식을 이용하여 구한다.

$$A_{sf} = \frac{\alpha_1 \phi_c f_c{}' (b_e - b_w) h_f}{\phi_s f_y} \tag{4.49}$$

$$A_{sf} = \frac{0.81 \times 0.6 \times 30 \times (900 - 300) \times 100}{0.85 \times 400} = 2573\ \mathrm{mm}^2$$

복부에서 나머지 철근 단면적

$$A_{sw} = A_s - A_{sf} \tag{4.51}$$

$$A_{sw} = 3000 - 2573 = 427\ \mathrm{mm}^2$$

4. 중립축의 위치 계산

$$\alpha_1 \phi_c f_c{}' \beta_1 b_w c = \phi_s f_y A_{sw} + \phi_{frp} E_{frp} \varepsilon_{frp} A_{frp} \tag{4.50}$$

여기서 $$\varepsilon_{frp} = \varepsilon_{cu} \left[\frac{h - c}{c} \right] - \varepsilon_{bi} \tag{4.22}$$

$$0.81 \times 0.6 \times 30 \times 0.90 \times 300 \times c$$
$$= 0.85 \times 400 \times 427 + 0.75 \times 155000 \times 180 \left[0.0035 \left(\frac{600 - c}{c} \right) - 0.0 \right]$$

따라서 $c = 115\ \mathrm{mm}$

그리고 $a = \beta \cdot c = 0.90 \times 115 = 103.5\ \mathrm{mm}$

다음과 같은 가정을 증명하기 위하여

$a = 103.5\ \mathrm{mm} > h_f = 100\ \mathrm{mm}$: T형보의 거동임.

$$\varepsilon_s = \varepsilon_{cu} \left(\frac{h - c}{c} \right) = 0.0035 \times \left(\frac{520 - 115}{115} \right) = 0.0123 \tag{4.21}$$

$\varepsilon_s = 0.012 > 0.002$, 철근이 항복한다.

$$\varepsilon_{frp} = \varepsilon_{cu}\left[\frac{h-c}{c}\right] - \varepsilon_{bi} = 0.0035 \times \left[\frac{600-115}{115}\right] - 0.0 = 0.0148 \qquad (4.22)$$

$\varepsilon_{frp} = 0.0148 < \varepsilon_{frpu} = 0.0155$; 콘크리트 파괴형상의 가정은 정확함

5. 계수저항모멘트는 식 (4.52)와 식 (4.53)을 이용하여 계산

$$M_{rf} = \phi_s f_y A_{sf}\left(d - \frac{h_f}{2}\right) \qquad (4.52)$$

$$M_{rf} = 0.85 \times 400 \times 2573\left(520 - \frac{100}{2}\right)$$

$$M_{rf} = 411 \times 10^6 \text{ N} \cdot \text{mm}$$

$$M_{rw} = \phi_s f_y A_{sw}\left(d - \frac{a}{2}\right) + \phi_{frp} E_{frp} \varepsilon_{frp} A_{frp}\left(h - \frac{a}{2}\right) \qquad (4.53)$$

$$M_{rw} = 0.85 \times 400 \times 427\left(520 - \frac{103.5}{2}\right) + 0.75 \times 155000 \times 0.0148 \times 180 \times \left(600 - \frac{103.5}{2}\right)$$

$$M_{rw} = 238 \times 10^6 \text{ N} \cdot \text{mm}$$

그리고 $$M_r = M_{rf} + M_{rw} \qquad (4.54)$$

$$M_r = 411 + 238 = 649 \times 10^6 \text{ N} \cdot \text{mm} = 649 \text{ kN} \cdot \text{m}$$

비교해보면, FRP 보강 없는 이 보는 직사각형 단면보로 거동하고 계수저항모멘트가 491 kN · m이며 인장파괴가 발생한다. 휨강도에서 FRP 보강에 의한 영향은 32 %({(649－491)/491}×100)이다.

4.6 전단보강설계

4.6.1 기초요구사항

철근콘크리트 단면의 전단강도를 증대시키기 위하여 외적인 스터럽 보강을 위하여 FRP 재료를 사용한다. 이러한 기술로써 FRP는 보의 횡방향 표면에 철근에 수직으로 혹은 보의 종방향 축에 기울게 (그림 4.4, 4.5) 접착시킨다. FRP 재료를 양쪽 횡방향 표면에 보의 복부밑으로 연속하여 U형으로 외적 스터럽을 형성하도록 접착시킨다. 이 U형 스터럽은 또한 FRP 휨보강의 고착을 증진시킨다. FRP 스터럽이 고착될 수 있는 길이는 제한되어 있기 때문이다. (보의 높이에 의하여), 기존콘크리트는 허용할 수 있는 품질이 되지 않으면 안된다. 콘크리트 표면은 이 지침서 6절과 FRP 재료 사용 요구조건에 따라 준비되든지 혹은 필요에 따라 보수하든지 해야한다. FRP 스터럽은 보 단면의 모서리에서 응력집중을 피하기 위하여 모서리는 최소 35mm의 곡선반경으로 둥글게 처리해야한다.

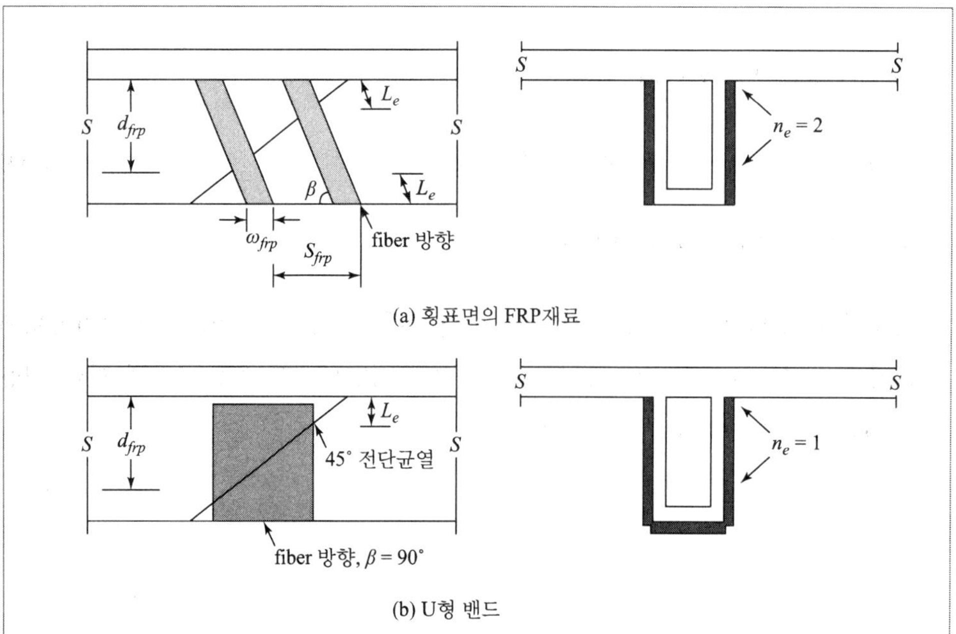

그림 4.4 보강재의 유효길이 (a) 횡표면의 FRP 재료 (b) U형 밴드

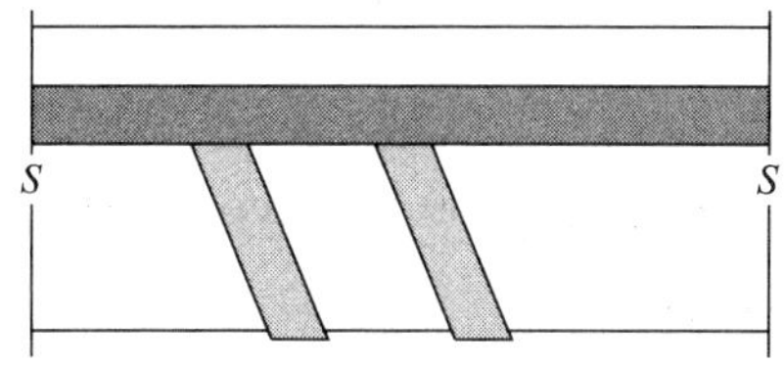

그림 4.5 대표적인 보강 방법

4.6.2 저항계수

전단보강의 경우, 유리섬유복합재(GFRP)와 탄소섬유복합재(CFRP)가 사용될 수 있다. 특별한 FRP를 위한 적당한 저항계수를 선택하는 것은 중요하다. 내구성을 고려해야 하기 때문에 GFRP를 위한 저항계수는 CFRP의 경우보다 적다. 구조물에서 콘크리트와 철근의 저항계수는 표 4.1에 있다. 4.5.1절에서의 CFRP를 위하여 제시된 ϕ_{frp}의 여러 값들은 전단의 경우도 변함이 없다. ACI 440F(2000)의 GFRP는 ϕ_{frp}의 값이 1.6미만이 될 것을 알 수 있다.

4.6.3 설계원리

여기 제시된 방법은 철근콘크리트 규정 CSA 시방서(A23.3-94, 건물(간이방법))과 CSA 시방서(S6-88, 교량)에 기초를 두고 있다. 콘크리트 $\overline{V_c}$와 수직방향 철근 $\overline{V_s}$에 의하여 준비된 전단저항의 값은 이들 시방서에 제시되었다. 여기 $\overline{V_{frp}}$의 값은 FRP 전단보강에 기여하도록 고려하도록 추가되었다. 계수전단저항 $\overline{V_r}$는 다음과 같다.

$$\overline{V_r} = \overline{V_c} + \overline{V_s} + \overline{V_{frp}} \qquad (4.55a)$$
(CSA-A23.3-94)

$$\overline{V_r} = \phi(\overline{V_c} + \overline{V_s}) + \overline{V_{frp}}, \quad \phi = 0.75 \qquad (4.55b)$$
(CSA-S6-88)

여기서

$$\overline{V_c} = 0.2\,\phi\,\sqrt{f_c'}\,b_\omega\,d \qquad (4.56a)$$
(CSA-A23.3-94)

$$\overline{V_c} = V_b b_w d \tag{4.56b}$$

(CSA-S6-88)

여기서 V_b는 CAS시방서 S6-88에서 정의된 바와 같이 콘크리트의 허용전단저항이고 철근의 경우는 다음과 같다.

$$\overline{V_s} = \frac{\phi_s f_y A_v d}{S} \tag{4.57a}$$

(CSA-A23.3-94)

$$\overline{V_s} = \frac{f_y A_v d}{S} \tag{4.57b}$$

(CSA-S6-88)

여기서 A_v와 S는 수직철근의 단면적과 간격이다. FRP의 경우는 다음과 같다.

$$\overline{V_{frp}} = \frac{\phi_{frp} E_{frp} \varepsilon_{frpe} A_{frp} d_{frp} (\sin\beta + \cos\beta)}{S_{frp}} \tag{4.58}$$

여기서

$$A_{frp} = 2t_{frp} w_{frp} \tag{4.59}$$

S_{frp}, w_{frp}와 β는 FRP 전단보강재의 간격, 폭 그리고 부재의 종방향 축에 대한 FRP 전단보강재의 각도이다. FRP 스터럽의 유효높이 d_{frp}는 슬래브 밑 자유단으로부터 내부 스터럽 철근의 하단까지로 측정되거나 혹은 단면이 종합적으로 감싸져 있을 때 h와 같다.

FRP 유효변형률 ε_{frpe}는 실험 또는 식 (4.60a)와 식 (4.62)를 이용하여 구한다. 유효변형률 ε_{frpe}는 콘크리트에 끼워진 골재가 균열의 확장으로 소실되는 0.004의 값을 한계로 하지 않으면 안된다. 유효변형률은 다음과 같다.

$$\varepsilon_{frpe} = R\,\varepsilon_{frpu} \tag{4.60a}$$

여기서 Trianrafillou와 Antonopoulos(2000)에 의해서 FRP 스터럽에서 구한 변형률을 위한 유효비 R은 다음과 같다.

$$R = \alpha \lambda_1 \left[\frac{f'^{2/3}}{\rho_{frp} E_{frp}} \right]^{\lambda_2} \tag{4.60b}$$

그리고 FRP 전단보강비 ρ_{frp}는 다음과 같다.

$$\rho_{frp} = \frac{2t_{frp}\, w_{frp}}{b_w\, S_{frp}} \tag{4.61}$$

식 (4.60b)에서 유효변형률을 위한 감소상수 α는 0.8이고 매개변수 λ_1과 λ_2는 다음과 같다.

$$\text{CFRP파단 ; } \lambda_1 = 1.35$$
$$\lambda_2 = 0.30$$

$$\text{AFRP파단 ; } \lambda_1 = 1.23$$
$$\lambda_2 = 0.47$$

GFRP파단의 경우, Triantafillou와 Antonopoulos(2000)는 상수 λ_1라 λ_2에 대하여 값을 제시하지 않았다. 왜냐하면 실험데이터가 불충분했기 때문이다. 그러나 4.6.6.1의 예제에서 보는 바와 같이 현재 상태에서 GFRP에 응용한 바와 같이 AFRP의 값에도 λ_1과 λ_2 값을 사용하는 것이 합리적일 것이다. 부착파괴의 가능성을 고려하기 위하여 유효변형률은 식 (4.60a)로부터 얻어진 값 $\varepsilon_{frpe} = 0.004$의 유효변형률의 하한값이 되도록 규정하였고 그 값은 다음과 같이 주어진다.

$$\varepsilon_{frpe} = \frac{\alpha\, \phi_{frp}\, k_1\, k_2\, L_e}{9525} \tag{4.62}$$

여기서, 매개변수 k_1과 k_2는 콘크리트에 대한 전단강도와 FPR의 구성으로 고려된다. 즉,

$$k_1 = \left[\frac{f_c{}'}{27.65}\right]^{\frac{2}{3}} \tag{4.63a}$$

$$k_2 = \frac{d_{frp} - n_e L_e}{d_{frp}}$$

이 식에서 $\alpha = 0.8$이고 n_e는 그림 4.4에서 보는 바와 같이 보의 한편에서 FRP 스터럽의 자유단의 수이다. 식 (4.62)와 식 (4.63)은 ε_{frpe}에 관한 ACI 440F(2000)의

수정본이다. 만약 $k_2 \leq 0$이면 FPR 시스템은 적당한 기계적인 정착장치가 설치되어있지 않으면 비효율적이다.

유효정착길이 L_e는 Maedaetal(1997)에 의하여 제시된 실험데이터에 의한 방정식을 사용하여 구할 수 있다.

$$L_e = \frac{25350}{(t_{frp}E_{frp})^{0.58}} \tag{4.64}$$

FRP 전단보강이 전단면 주위를 모두 감싼 경우 상기의 값은 계산하지 않고 $\varepsilon_{frpe} = 0.004$를 취한다.

4.6.4 보강한계

전단보강이 요구될 경우는 최대 밴드의 간격(그림 4.4)은 다음으로 한정한다.

$$S_{frp} \leq w_{frp} + \frac{d}{4} \tag{4.65}$$

4.6.4.1 최대보강

구조물의 경우 CSA 시방서 A23.3-94와 교량의 경우 CSA 시방서 S6-88에 의해 알 수 있듯이 계수전단저항은 다음과 같이 한정한다.

$$\overline{V_r} = \overline{V_c} + \overline{V_s} + \overline{V_{frp}} \leq \overline{V_c} + 0.8\lambda\phi_c\sqrt{f_c{}'}\,b_w d \tag{4.66a}$$
(CSA-A23.3-94)

$$\overline{V_r} = \phi\left(\overline{V_c} + \overline{V_s}\right) + V_{frp} \leq \phi(\overline{V_c} + 0.66\lambda\sqrt{f_c{}'}\,b_w d) \tag{4.66b}$$
(CSA-S6-88)

4.6.4.2 최소보강

CSA 시방서 A23.3-94는 실용적으로 철근콘크리트 구조물에서 최소전단보강을 위한 지침을 제시하였다. 구조물은 본래 전단보강없이 원상 복귀과정에서 외적 보강을 할 경우 최소전단보강이 요구되게 된다. 따라서 U-스터럽 형식으로 최소수직보강은 외적 종방향 FPR 보강 $A_{vfrp,\min}$는, U-스터럽에서의 변형률이 0.004인 반면 종방향 FRP 보강이 중단된 점의 극한인장력의 $\frac{1}{20}$의 저항력을 갖도록 설계된다. 이것은 다음과 같이 표시할 수 있다.

$$A_{vfrp,\min} = \frac{A_{frp,cut}\ f_{frpu}}{0.08\ E_{frp}} \tag{4.67}$$

여기서 $A_{frp,cut}$는 외적 FRP 보강의 중단점에서 FRP 단면적이다.

4.6.5 정착

전단보강이 요구되고 정착길이가 제한되어 있을 경우 종방향 FRP 스트립이 U형 밴드의 단부를 초과(즉, 그림 4.5에서 보는 바와 같이 보의 상단 밴드)하는 부가적인 종방향 FRP 스트립의 접착에 의하여 U-형 밴드의 설치가 가능하다. 이런 경우에 ε_{frpe}는 실험이나 혹은 신뢰성 있는 다른 방법으로 결정해야 한다.

4.6.6 설계 "예"

4.6.6.1 설계 "예" 4.8 - 직사각형보

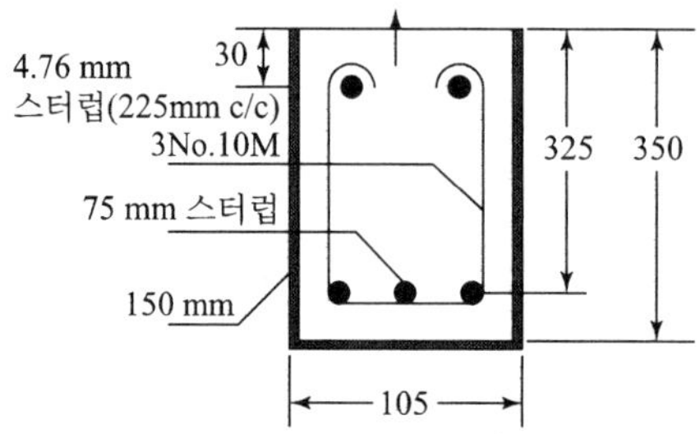

콘크리트단면	$b = 105$ mm, $h = 350$ mm
철근	$A_s = 300$ mm^2, $d = 325$ mm $= d_{frp}$, $f_y = 400$ MPa
전단보강	철근스터럽 4.76 mmDia, $S = 225$ mm, $f_y = 600$ MPa, $A_v = 36$ mm^2
콘크리트	$f_c' = 45$ MPa
FRP	$A_{frp} = 60$ mm^2, $E_{frp} = 155$ GPa, $\varepsilon_{frpu} = 0.0155$, $\phi_{frp} = 0.5$
전단보강	GFRP U-형밴드 $t_{frp} = 1.3$ mm, $W_{frp} = 75$ mm $S_{frp} = 150$ mm, $E_{frp} = 22.7$ GPa, $\varepsilon_{frpu} = 0.02$, $n_e = 1$

1. 콘크리트(식 (4.56a))와 철근(식 (4.57a))에서 전단력은

$$\overline{V_c} = 0.2\phi_c \sqrt{f_c'}\, b_w d \tag{4.56a}$$

$$\overline{V_c} = 0.2 \times 0.6 \times \sqrt{45} \times 105 \times 325 = 27.47 \times 10^3 \text{ N}$$

$$\overline{V_s} = \frac{\phi_s f_y A_v d}{S} \tag{4.57a}$$

$$\overline{V_s} = \frac{0.85 \times 600 \times 36 \times 325}{225} = 26.52 \times 10^3 \text{ N}$$

2. FRP의 경우, FRP의 유효변형률을 먼저 계산하고 다음과 같이 FRP 전단보강비를 계산한다.

$$\rho_{frp} = \left(\frac{2t_{frp}}{b_w}\right)\left(\frac{w_{frp}}{S_{frp}}\right) = \left(\frac{2\times 1.3}{105}\right)\left(\frac{75}{150}\right) = 1.24\% \tag{4.61}$$

FRP 단면적: $A_{frp} = 2w_{frp}\,t_{frp} = 2\times 75\times 1.3 = 195\ \mathrm{mm}^2$ (4.59)

그리고 유효정착길이는 다음과 같다.

$$L_e = \frac{25350}{(t_{frp}\times E_{frp})^{0.58}} \tag{4.64}$$

$$L_e = \frac{25350}{(1.3\times 22700)^{0.58}} = 64.8\ \mathrm{mm}$$

3. 식 (4.62)와 식 (4.63)을 이용하여 유효변형률 계산
우선 매개변수 k_1과 k_2를 다음과 같이 계산

$$k_1 = \left[\frac{f_c'}{27.65}\right]^{\frac{2}{3}} = \left[\frac{45}{27.65}\right]^{\frac{2}{3}} = 1.38 \tag{4.63a}$$

$$k_2 = \frac{d_{frp} - m_e L_e}{d_{frp}} = \frac{325 - 1\times 64.8}{325} = 0.8 \tag{4.63b}$$

㈜ $m_e = 1$; U-형 스트럽

유효변형률은 다음과 같이 계산된다.

$$\varepsilon_{frpe} = \frac{\alpha\,\phi_{frp}\,K_1\,K_2\,L_e}{9525} \tag{4.62}$$

$$\varepsilon_{frpe} = \frac{0.8\times 0.5\times 1.38\times 0.8\times 64.8}{9525} = 0.00301$$

4. 식 (4.60)을 이용하여 유효변형률 계산
우선 극한변형률에 대한 유효비 결정은 다음과 같다.

$$R = \alpha \lambda_1 \left(\frac{f_c^{2/3}}{\rho_{frp} E_{frp}} \right)^{\lambda_2} \qquad (4.60b)$$

$$R = 0.8 \times 1.23 \left(\frac{45^{2/3}}{0.0124 \times 22700} \right)^{0.47} = 0.229$$

㈜ AFRP의 경우 λ_1과 λ_2의 값은 이 예에서 사용되었다.

$$\varepsilon_{frpe} = R\,\varepsilon_{frpu} = 0.229 \times 0.02 = 0.00458 \qquad (4.60a)$$

설계목적을 위하여 유효변형률은 적어도 0.004가 될 것이다.

0.00458과 0.00301에서 $\varepsilon_{frpe} = 0.003$

5. 전단저항에 기여한 FRP는 다음과 같이 계산된다.

$$\overline{V_{frp}} = \frac{\phi_{frp} E_{frp} \varepsilon_{frp} A_{frp} d_{frp} (\sin\alpha + \cos\beta)}{S_{frp}} \qquad (4.58)$$

$$V_{frp} = \frac{0.5 \times 22700 \times 0.003 \times 195 \times 325 (1.00 + 0.0)}{150} = 14.39 \times 10^3 \text{ N} = 14.4 \text{ kN}$$

6. 직사각형 단면의 계수전단저항

$$\overline{V_r} = \overline{V_c} + \overline{V_s} + \overline{V_{frp}} \qquad (4.55a)$$

$$\overline{V_r} = (22.47 + 26.52 + 14.39) \times 10^3 = 68.38 \times 10^3 \text{ N} = 68.4 \text{ kN}$$

7. $\overline{V_r}$는 식 (4.66a)에서 주어진 최대값보다 작다.

$$\overline{V_r} \le \overline{V_c} + 0.8\,\lambda\,\phi_c \sqrt{f_c'}\, b_w\, d \qquad (4.66a)$$

$$64.4 \times 10^3 \le 2.47 \times 10^3 + 0.8 \times 0.6 \sqrt{45} \times 105 \times 325 = 68.38 \times 10^3 \text{ N}$$

지금과 같은 경우는 FRP 보강이 보의 전단저항의 26.7% 증가를 가져왔다.

4.6.6.2 설계 “예” 4.9 T형보

그림 4-6에서 보는 바와 같이 치수와 외부 FRP 보강을 갖는 T형보의 전단능력의 계산

콘크리트	$f_c' = 45$ MPa
철근 ; 스트럽	$f_y = 600$ MPa, $E_s = 200$ GPa, $A_v = 36$ mm^2
FRP	$E_{frp} = 22.7$ GPa, $\varepsilon_{frpu} = 0.02$, $A_{frp} = 260$ mm^2, $\phi_{frp} = 0.5$, $d_{frp} = 325$ mm, $\rho_{frp} = 0.87\%$, $t_{frp} = 1.3$ mm

1. 유효길이의 계산

$$L_e = \frac{25350}{(t_{frp} \times E_{frp})^{0.58}} \tag{4.64}$$

$$L_e = \frac{25350}{(1.3 \times 22700)^{0.58}} = 64.8 \text{ mm}$$

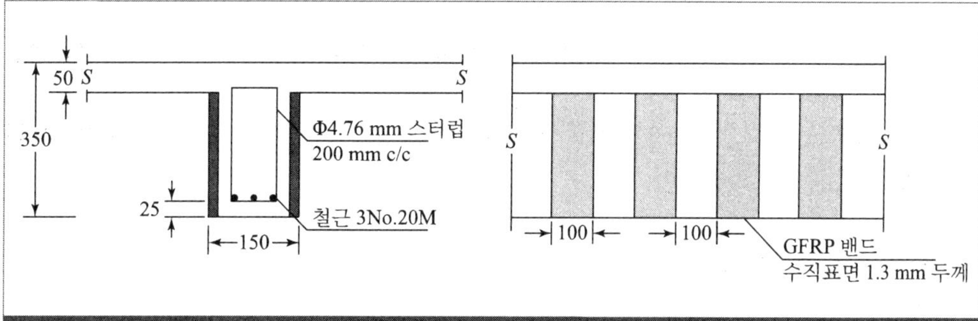

그림 4.6 T형보의 외부전단보강의 형상 및 수치

2. 식 (4.63)으로부터 매개변수 k_1과 k_2의 결정과 식 (4.62)로부터의 유효변형률의 계산

$$k_1 = \left[\frac{f_c'}{27.65}\right]^{\frac{2}{3}} = \left[\frac{45}{27.65}\right]^{\frac{2}{3}} = 1.38 \tag{4.63a}$$

$$k_2 = \frac{d_{frp} - n_e L_e}{d_{frp}} = \frac{325 - 2 \times 64.8}{325} = 0.6 \tag{4.63b}$$

유효변형률은 다음과 같다.

$$\varepsilon_{frpe} = \frac{\alpha\, \phi_{frp}\, K_1\, K_2\, L_e}{9525} \tag{4.62}$$

$$\varepsilon_{frpe} = \frac{0.8 \times 0.5 \times 1.38 \times 0.6 \times 64.8}{9525} = 0.00225$$

3. 식 (4.60)을 이용하여 유효변형률 계산.
극한변형률에 대한 유효비의 결정

$$R = \alpha\, \lambda_1 \left(\frac{f_c^{\;2/3}}{\rho_{frp} E_{frp}} \right)^{\lambda_2} \tag{4.60b}$$

$$R = 0.8 \times 1.23 \left(\frac{45^{2/3}}{0.0087 \times 22700} \right)^{0.47} = 0.271$$

(주) AFRP에 대한 λ_1과 λ_2의 값은 이 "예"에서 사용되었다.

$$\varepsilon_{frpe} = R\varepsilon_{frpu} = 0.271 \times 0.02 = 0.00542 \tag{4.60a}$$

설계목적을 위하여, 유효변형률은 최소 0.004이여야 되는데 0.00542와 0.00225에서 $\varepsilon_{frpe} = 0.00225$임.

4. FRP의 전단공헌도는 다음과 같이 계산된다.

$$\overline{V_{frp}} = \frac{\phi_{frp}\, E_{frp}\, \varepsilon_{frp}\, A_{frp}\, d_{frp}\, (\sin\beta + \cos\beta)}{S_{frp}} \tag{4.58}$$

$$\overline{V_{frp}} = \frac{0.5 \times 22700 \times 0.00225 \times 260 \times 325 (1.0 + 0.0)}{200}$$

$$= 10.8 \times 10^3 \text{ N} = 10.8 \text{ kN}$$

5. 콘크리트 (식 (4.56a))와 전단철근(식 (4.57a))의 전단저항에 대한 공헌도는 다음과 같다.

$$\overline{V_c} = 0.2\,\phi_c\,\sqrt{f_c'}\,b_w\,d \tag{4.56a}$$

$$\overline{V_c} = 0.2 \times 0.6 \times \sqrt{45} \times 150 \times 375 = 45.3 \times 10^3\ \text{N} = 45.3\ \text{kN}$$

$$\overline{V_s} = \frac{\phi_s\,f_y\,A_v\,d}{S} \tag{4.57a}$$

$$\overline{V_s} = \frac{0.85 \times 600 \times 36 \times 375}{200} = 34.4 \times 10^3\ \text{N} = 34.4\ \text{kN}$$

6. 보 단면의 계수전단저항

$$\overline{V_r} = \overline{V_c} + \overline{V_s} + \overline{V_{frp}} \tag{4.55a}$$

$$\overline{V_r} = (34.4 + 45.3 + 10.8) \times 10^3\ \text{N} = 90.5 \times 10^3\ \text{N} = 90.5\ \text{kN}$$

7. $\overline{V_r}$은 식 (4.66a)에 의하여 주어진 최대값보다 작을 것이다.

$$\overline{V_r} \le \overline{V_c} + 0.8\,\lambda\,\phi_c\,\sqrt{f_c'}\,b_w\,d \tag{4.66a}$$

$$90.5 \times 10^3 \le 45.3 \times 10^3 + 0.8 \times 0.6\sqrt{45} \times 150 \times 375 = 226 \times 10^3\ \text{N} \qquad \text{ok}$$

현재의 경우 FRP 보강은 보의 전단능력의 13.6% 증가를 가져왔다.

4.7 정착과 정착길이

정착길이는 외적 FRP 보강의 전 능력을 감당할 수 있는 필요한 최소한의 접착길이로 정의될 수 있다. 이것은 다음과 같이 표시할 수 있다.

$$\ell_{frpd}\,\tau_{bu} = f_{frpu}\frac{b_{frp}\,t_{frp}}{b_w} \tag{4.68}$$

여기서 ℓ_{frpd}는 필요한 길이이고, τ_{bu}는 FRP-콘크리트의 직접전단의 평균접착강도다. 이 값은 압축측 콘크리트 강도의 평반근에 비례하는 것으로 가정한다.
즉 $\tau_{bu} = K\sqrt{f_c'}$. FRP의 여러 층이 사용되는 사실을 고려한다면 식 (4.68)은 다음과 같이 표시할 수 있다.

$$\ell_{frpd} = \frac{b_{frp}}{b_w}\,\frac{E_{frp}\,\varepsilon_{frpu}\,t_{frp}}{K\sqrt{f_c'}} \tag{4.69}$$

식 (4.69)의 간략한 형식은 다음과 같다.

$$\ell_{frpd} = K_d\,E_{frp}\,t_{frp} \tag{4.70}$$

여기서 K_d는 외부 FRP 보강의 강성을 위하여 필요한 길이에 관련한 계수를 다음과 같이 정의된다.

$$K_d = \frac{b_{frp}}{b_w}\,\frac{\varepsilon_{frpu}}{k\sqrt{f_c'}}\ ,\quad b_{frp} \neq b_w \tag{4.71}$$

$$K_d = \frac{\varepsilon_{frpu}}{k\sqrt{f'c}}\ ,\quad b_{frp} = b_w \tag{4.72}$$

더욱이 콘크리트의 파괴계수와 응용형식과 관련된 FRP 보강 형식에 의한 콘크리트 강도에 대한 평균부착강도와 관련된 비례계수는 K다. 0.09와 같이 낮은 K의 값은 휨에 사용되는 FORCA 토우 sheet를 뜻한다. 반면 Wang(2000)은 $K = 0.17$의 최소값을 뜻한다. Bigmdavyi와 Neale(1999)에 의하여 보고된 직접전단 시험결과로부터 $\tau_{bu} = 0.51\phi_c f_r$의 평균접착강도가 얻어졌다. 이것은 $K = 0.184$의 값을 나타낸다.

4.7.1 설계 "예" 4-10 필요한 길이

이 예에서는 3개의 상이한 FRP 체계에 대한 필요한 길이를 계산한다.

콘크리트단면	$b = 105\,\text{mm},\ h = 350\,\text{mm}$
콘크리트	$f_c' = 425\,\text{MPa},\ k = 0.184$
FRP ;	
Sika Carbodur	$E_{frp} = 155\,\text{GPa},\ \varepsilon_{frpu} = 0.0155,\ t_{frp} = 1.2\,\text{mm},\ b_{frp} = 50\,\text{mm}$
GFRP	$E_{frp} = 22.7\,\text{GPa},\ \varepsilon_{frpu} = 0.02,\ t_{frp} = 1.3\,\text{mm/Layer},\ b_{frp} = 50\,\text{mm}$
CFRP	$E_{frp} = 74.29\,\text{GPa},\ \varepsilon_{frpu} = 0.014,\ t_{frp} = 0.33\,\text{mm/Layer},\ b_{frp} = 50\,\text{mm}$

계산은 다음과 같은 표에 나타나 있다. ℓ_{frpd}의 값은 비교 목적으로 표시되었고 Bigmdaryi와 Neale(1999)에 의해 보고된 실험으로부터 얻어졌다.

Sika Carbodur	GFRP (Tyfo-Wrap)	CFRP-Replarkzo
$K_d = \dfrac{b_{frp}}{b_w}\dfrac{\varepsilon_{frpu}}{K\sqrt{f_c'}}$ $= \dfrac{50}{105}\dfrac{0.0155}{0.184\sqrt{42.5}}$ $= 0.00615$	$K_d = \dfrac{b_{frp}}{b_w}\dfrac{\varepsilon_{frpu}}{K\sqrt{f_c'}}$ $= \dfrac{50}{105}\dfrac{0-0.2}{0.184\sqrt{42.5}}$ $= 0.00794$	$K_d = \dfrac{b_{frp}}{b_w}\dfrac{\varepsilon_{frpu}}{K\sqrt{f_c'}}$ $= \dfrac{50}{105}\dfrac{0.014}{0.184\sqrt{42.5}}$ $= 0.00556$
one plate $\ell_{frpd} = K_d E_{frp} t_{frp}$ $= 0.00615 \times 155000 \times 1.2$ $= 1145\,\text{mm}$	one layer $\ell_{frpd} = K_d E_{frp} t_{frp}$ $= 0.00794 \times 22700 \times 1.3$ $= 234.\,\text{mm}\,(160)$	one layer $\ell_{frpd} = K_d E_{frp} t_{frp}$ $= 0.00556 \times 74290 \times 0.33$ $= 136\,\text{mm}\,(80)$
	two Layer $\ell_{frpd} = K_d E_{frp} t_{frp}$ $= 0.00794 \times 22700$ $\times (2 \times 1.3)$ $= 469\,\text{mm}\,(320)$	two Layer $\ell_{frpd} = k_d E_{frp} t_{frp}$ $= 0.00556 \times 74.290$ $\times (2 \times 0.33)$ $= 273\,\text{mm}\,(160)$

4.8 사용성 한계상태

철근콘크리트 부재를 FRP로 외부 보강이 균열 조정이나 강성 증진으로 알려져 있지만 처짐한계의 고전적인 검토와 균열 폭의 고전적인 검토는 실행하고 CSA 시방서 A23.3에서의 처짐한계와 균열 폭에 대하여 기술된 허용 관계와 항상 비교해야 한다. (clause 9.8.2.6, clause 10.6, 11.6.5, 18.4.3)

4.8.1 처짐

FRP 재료로 보강된 철근콘크리트 부재는 특정 법규에 명시된 (CSA-A23.3-94, CSA-S6-88) 처짐에 대한 요구사항에 따라 설계해야한다. 소성변위는 항복으로부터 내부 철근을 방지하도록 제한되어야 한다. 이것은 항복응력의 80% 부분의 사용하중에 대한 철근의 응력 수준에 한정되도록 해야 한다.

4.8.2 진동

외부 FRP 접착에 의한 보강 구조물이나 부재의 경우 계획된 사용을 위하여 허용한계 이내의 진동조절이 되도록 고려해야 한다. 관련되어 있는 사용성 문제의 형식과 진동의 형식에 대한 보다 세부적인 정보를 각종 건축기준이나 기타 기준의 주석에서 찾을 수 있다.

4.8.3 크리프

응력수준의 유지가 가능한 크리프를 방지하기 위하여 FRP 상의 응력수준에서 다음과 같은 제한이 ACI 440F (2000)에 권장되어 있다.

$$0.20\,f_{frpu} \qquad \text{(4.73a) (GFRP)}$$

$$0.30\,f_{frpu} \qquad \text{(4.73b) (AFRP)}$$

$$0.50\, f_{frpu} \tag{4.73b}$$
(CFRP)

여기서
$$f_{frpu} = \phi_{frpe}\, f^*_{frpu} \tag{4.74a}$$

$$f^*_{frpu} = f_{frpu,ave} - 3\sigma \tag{4.74b}$$

여기서 σ는 표준편차이고, f^*_{frpu}는 확인된 인장강도, ϕ_{frap}는 FRP 재료의 형식과 노출조건에 근거한 환경감소계수이고, $f_{frpu,ave}$는 실험결과로부터 얻어진 극한인장강도의 평균값이다. ϕ_{frpe}의 값은 ACI440F(2000)에 의하여 제시된 값으로서 표 4.2에 요약되어 있다.

표 4.2 여러 FRP시스템과 노출조건에 따른 환경감소계수 ϕ_{frpe}

노출조건	섬유형식	ϕ_{frpe}
밀봉공간	Carbon/Epoxy	0.95
	Aramid/Epoxy	0.85
	Glass/Epoxy	0.75
개봉 혹은 자연공간	Carbon/Epoxy	0.85
	Aramid/Epoxy	0.75
	Glass/Epoxy	0.65
나쁜공간	Carbon/Epoxy	0.85
	Aramid/Epoxy	0.70
	Glass/Epoxy	0.50

4.8.4 피로

외부 FRP 접착 보강 철근콘크리트 부재의 경우 많은 경우에 피로파괴가 FRP의 부착파손에 따른 철근의 파손에 의하여 시작된다. 외부 FRP 보강재의 응력수준이 피로를 유발하는 하중의 경우에 철근의 어떠한 항복도 발생하지 않도록 제한되어야 한다.

기둥보강 05

5.1 정의

A_c 나선철근의 외곽에서 외곽으로 측정한 나선보강 압축부재의 콘크리트 심부의 단면적 (mm^2)

A_g 기둥단면의 전체면적 (mm^2)

A_h 수평철근 하나의 다리길이의 단면적 (mm^2)

A_{st} 종방향 철근의 총 면적 (mm^2)

b 직사각형 단면의 폭 (mm)

b_w 높이가 d인 최소 유효 복부의 폭 (mm)

d 압축 상단으로부터 인장철근의 중심까지의 거리 (mm)

D_c 주변 수평철근의 중심에서 중심까지의 하중방향으로 심부 기둥치수 (mm)

D_g 원형기둥의 외경 (mm)

E_{frp} FRP의 탄성계수 (MPa)

E_s 철근의 탄성계수 (MPa)

f_c' 콘크리트의 설계기준압축강도 (MPa)

f_{cc}' 구속된 콘크리트의 압축강도 (MPa)

f_{frp} FRP의 인장응력 (MPa)

f_{frpu} FRP의 극한인장강도 (MPa)

f_{lfrp} FRP 보강으로 인한 극한구속압력 (MPa)

f_{hy} 수평철근의 항복응력 (MPa)

f_s 명확한 하중에서의 철근의 응력 (MPa)

f_y 철근의 명확한 항복응력 (MPa)

h 부재의 총 두께 (mm)

K_e 예기치 않은 편심작용에 의한 강도감소계수

ℓ_u 압축부재의 지지점간 거리 (mm)

n 하중방향에서 횡지지된 수평기둥의 다리의 수

N_b FRP쉬트 층의 수

P_D 축방향 고정 하중 (N)

P_f 계수 축하중 (N)

P_L 축방향 활하중 (N)

$P_{r\max}$ 계수저항축하중 (N)

r 모서리의 반경 (mm)

S 부재의 종방향축이나 혹은 나선피치에 평행하게 측정한 전단철근의 간격(mm)

t_{frp} FRP 보강의 한층의 두께 (mm)

V_b CSA-S6-88에 정의된 바와 같이 콘크리트의 허용전단저항 (MPa)

$\overline{V_c}$ 콘크리트가 부담하는 계수전단저항 (N)

$\overline{V_{frp}}$ FRP가 부답하는 계수전단저항 (N)

$\overline{V_r}$ 계수전단저항 (N)

$\overline{V_s}$ 철근이 부담하는 계수전단저항 (N)

α_1 직사각형 압축응력 블럭에서의 평균응력의 정확한 콘크리트 압축강도에 대한 비

α_{pc} 원형기둥의 실행상수

α_{pr} 직사각형기둥의 실행상수

ε_{frp} FRP 보강재의 변형률

ε_{frpe} FRP 보강재의 유효 변형률

ϕ 부재 저항계수

ϕ_c 콘크리트의 저항계수

ϕ_{frp} FRP의 저항계수

ϕ_s 철근의 저항계수

λ 경량 콘크리트를 고려한 계수

Q 주압축 버팀재(strut)의 기둥축에 대한 각도 혹은 전단균열의 경사각으로서 통상 45°로 한다. 그러나 교량 기둥의 경우는 30°이고 교대의 벽체의 경우는 45°로 한다.

w_w FRP 강도의 콘크리트 강도에 대한 비이다.

5.2 순수압축을 받는 원형단주

기둥의 기본 기능은 축하중을 지탱하는 것이다. 철근콘크리트 구조물의 경우 CSA 시방서 A23.3-94에 의하여 제시된 기둥의 정의를 고려한다면 부재는 높이가 직경에 대한 비율 $\frac{\ell_u}{D_g}$가 기둥으로 고려될 경우 3과 같든지 아니면 2 이상이 돼야 한다고 되어있다.

또한 이것은 실린더 혹은 받침대로 고려된다. 철근콘크리트구조의 경우 현저한 휨의 영향이 없고 축하중 하에 원형단주의 경우 최대 세장비는 다음과 같이 주어진다.

$$\frac{\ell_u}{D_g} \le \frac{6.25}{\sqrt{\dfrac{P_f}{f_c{}' A_g}}} \tag{5.1a}$$

(CSA-A23.3-94)

여기서 A_g는 총단면적이고, $f_c{}'$는 콘크리트 설계기준 압축강도이고 P_f는 계수축하중, 교량의 경우 최대 세장비는 다음과 같다.

$$\frac{\ell_u}{D_g} \leq 8.5 \tag{5.1b}$$

(CSA-S6-88)

처음에 FRP로 보강된 단주로 분류된 기둥은 하중의 증가 결과로 세장화 되어 간다는 사실에 주의해야 한다. FRP 보강된 기둥은 P_f의 새로운 값에 대하여 단주로 분류되어 존재한다는 것을 견지하지 않으면 안된다. 만약 그렇지 않다면 이 절에 제시된 식은 적용하지 않는다. 식 (5.1)은 안전하고 보다 진전된 연구의 결과를 적용하여 수정될 수 있다.

5.2.1 구속력

기둥에서 원주방향 변형률 제한을 위하여 기둥의 축에 수직방향으로 섬유방향을 갖는 FRP 보강재가 부착된 경우 FRP 보강에 의해 구속된 응력 f_{lfrp}는 다음과 같이 결정된다.

$$f_{lfrp} = \frac{2N_b\,\phi_{frp}\,f_{frpu}\,t_{frp}}{D_g} \tag{5.2}$$

여기서 f_{frpu}, N_b, t_{frp}, ϕ_{frp}는 인장강도, 적층의 수, 한 개 층의 두께, FRP의 저항계수이다. 연속적인 구속을 위하여 FRP로 보강된 콘크리트 강도에 대한 비는 다음과 같이 정의된다.

$$w_w = \frac{2f_{frp}}{\phi_c\,f_c{}'} \tag{5.3}$$

여기서 ϕ_c는 콘크리트 저항계수이고, 구속에 따른 콘크리트의 압축강도 $f_{cc}{}'$는 다음과 같은 식으로 결정된다.

$$f_{cc}{}' = f_c{}'(1 + \alpha_{pc}w_w) \tag{5.4}$$

원형기둥의 실행상수 α_{pc}는 FRP의 강성과 극한변형률, 콘크리트의 강도, 섬유-매트릭스-콘크리트 부착과 시공의 질에 따라 달라진다. 시험자료의 한계에 대하여 고려할 때 현재 유용한 값은 1.0이 α_{pc}의 상수로 암시하고 있다.

5.2.2 구속력의 한계

구속압력의 효율성은 연성이 증진될 수 있는 정도에 따라 다르다.
Theriault와 Neale(2000)에 의하면 FRP로 감싸는 구속은 최대 구속압력을 갖도록 요구하고 있다.

$$f_{lfrp} \geq 4\,\mathrm{MPa} \tag{5.5}$$

강력한 보강 기둥에서 발생할지 모를 축방향 변형률을 제한하기 위하여 FRP 구속 기둥의 콘크리트를 위한 계수강도는 보강 전의 기둥의 콘크리트의 명목상의 강도를 초과하지 않아야 한다.

$$K_e\,\alpha_1\,\phi_c\,f_{cc}' \leq \alpha_1\,f_c' \tag{5.6}$$

여기서 K_e는 예기치 않은 편심작용에 의한 강도감소계수이고 직사각형 압축응력 블록에서의 평균응력이 원래의 포물선 분포된 콘크리트 강도에 대한 비율 α_1은 다음과 같다.

$$\alpha_1 = 0.85 - 0.0015 f_c' \geq 0.67 \tag{5.7a}$$

(CSA-A23.3-94)

$$\alpha_1 = 0.85 \tag{5.7b}$$

(CSA-S6-88)

결과적으로, 최대 구속압력은 다음과 같이 명시하였다.

$$f_{lfrp} \leq \frac{f_c'}{2\alpha_{pc}}\left(\frac{1}{k_e} - \phi_c\right) \tag{5.8}$$

(주) 구속에 의하여 얻어질 수 있는 부가 보강이 요구되는 기둥의 경우 수직 FRP 보강의 적용은 가능한 해법일 수 있다.

5.2.3 저항 축하중

계수저항축하중 $P_{r\max}$는 구속된 기둥의 경우 다음과 같이 표시할 수 있다.

$$P_{r\max} = K_e[\alpha_1 \phi_c f_{cc}'(A_g - A_{st}) + \phi_s f_y A_{st}] \tag{5.9}$$

여기서 A_{st}, f_y, ϕ_s는 총 단면적, 정확한 항복응력, 그리고 총 종방향 철근의 저항계수이다. K_e의 값은 연성기둥의 경우, 구조물의 경우 CSA 시방서 A23.3-94 와 교량의 경우 CSA 시방서 S6-88에서 모두 0.85이다. FRP로 구속된 기둥의 경우 제시된 연성기둥의 경우 0.85의 값은 적당하다.

상세한 내용은 CSA 시방서 A23.3-94(구조물)과 CHBDC-91규정 (교량)에 제시된 철근과 콘크리트의 저항계수는 표 4.1에 요약되어 있다. 구속된 원형기둥은 구속되지 않은 원형기둥보다 훨씬 큰 극한 축방향 변형률을 발생시킨다. 총방향 철근에서의 변형률은 항복변형률을 초과할 것이다. 철근의 변형률 경화에 의한 강도의 증가는 상기 식에 고려되어 있지 않다. 이유는 추가적인 안전성을 갖기 위함이다. 이 값은 철근의 좌굴에 의해 초기 파괴가 되지 않는 경우 극한 축방향 변형률의 식이다.

5.2.4 설계 "예"5.1

기둥	$\ell_u = 3000\,\text{mm}$, $D_g = 500\,\text{mm}$, $A_g = 196350\,\text{mm}^2$
철근	$A_{st} = 2500\,\text{mm}^2$, $f_y = 400\,\text{MPa}$
콘크리트	$f_c' = 30\,\text{MPa}$
FRP	$f_{frpu} = 1200\,\text{MPa}$, $t_{frp} = 0.3\,\text{mm}$, $\phi_{frp} = 0.75$, $\alpha_{pc} = 1.0$
작용하중	축방향 고정하중 $P_D = 1500\,\text{kN}$
	축방향 활하중 $P_L = 1550\,\text{kN}$
	계수축하중 $P_f = 4200\,\text{kN}$

1. 기둥이 이미 보강된 "단주"로 분류되는 지의 여부 검토.

$$\frac{\ell_u}{D_g} \le \frac{6.25}{\sqrt{\dfrac{P_5}{f_c{}' A_g}}} \tag{5.1a}$$

$$\frac{3000}{500} \le \frac{6.25}{\sqrt{4200000/(30 \times 196350)}}$$

$6 \le 7.4$, ok

2. 포물선분포응력을 위한 구속된 콘크리트 강도의 계산

$$\alpha_1 = 0.85 - 0.0015 f_c{}' \ge 0.67 \tag{5.7a}$$

$\alpha_1 = 0.85 - 0.0015 \times 30 = 0.80$

$f_{cc}{}'$를 계산하기 위하여 식 (5.9)는 다음과 같다.

$$f_{cc}{}' = \frac{\left(\dfrac{P_f}{K_e} - \phi_s f_y A_{st}\right)}{\alpha_1 \phi_c (A_g - A_{st})} \tag{5.9}$$

$$f_{cc}{}' = \frac{\left(\dfrac{4,200,000}{0.85} - 0.85 \times 400 \times 2500\right)}{0.8 \times 0.6 \times (196350 - 2500)} = 44.0\ \mathrm{MPa}$$

3. 구속된 콘크리트와 설계기준콘크리트 압축강도 비

$$w_w = \frac{\left(\dfrac{f_{cc}{}'}{f_c{}'} - 1\right)}{\alpha_{pc}} = \frac{\left(\dfrac{44.0}{30} - 1\right)}{1.0} = 0.467 \tag{5.4}$$

4. 구속으로 인한 극한구속압력 계산

$$f_{lfrp} = \frac{w_w \phi_c f_c{}'}{2} = \frac{0.467 \times 0.6 \times 30}{2} = 4.20\ \mathrm{MPa} \tag{5.3}$$

$$f_{lfrp} \ge 4\ \mathrm{MPa} \tag{5.5}$$

$$f_{lfrp} \leq \frac{f_c'}{2\alpha_{pc}}\left(\frac{1}{k_e} - \phi_c\right) \tag{5.8}$$

$$f_{lfrp} \leq \frac{30}{2\times1.0}\left(\frac{1}{0.85} - 0.6\right) = 8.65, \text{ ok}$$

5. FRP층의 필요수 계산

$$N_b = \frac{f_{lfrp}\,D_g}{2\,\phi_{frp}\,f_{frpu}\,t_{frp}} = \frac{4.20\times500}{2\times0.75\times1200\times0.3} = 3.9 \tag{5.2}$$

<u>4 층</u>

6. FRP로 구속된 기둥의 계수축강도 계산

$$f_{lfrp} = \frac{2\,N_b\,\phi_{frp}\,f_{frpu}\,t_{frp}}{D_g} \tag{5.2}$$

$$f_{lfrp} = \frac{2\times4\times0.75\times1200\times0.3}{500} = 4.32\text{ MPa}$$

(주) 구속한계 (식 (5.5)와 식 (5.8))는 만족한다.

$4 \leq 4.32 = f_{lfrp} \leq 8.65$

$$w_w = \frac{2f_{lfrp}}{\phi_c f_c'} = \frac{2\times4.32}{0.6\times30} = 0.48 \tag{5.3}$$

$$f_{cc}' = f_c'(1 + \alpha_{pc}\,w_w) = 30(1+0.48) = 44.0\text{ MPa} \tag{5.4}$$

$$P_{r\max} = K_e\left[\alpha_1\,\phi_c\,f_{cc}'(Ag - Ast) + \phi_s\,f_y\,A_{st}\right] \tag{5.9}$$

$$P_{r\max} = 0.85[0.8\times0.6\times44.4(196350-2500)+0.85\times400\times2500]$$

$$= 4.23\times10^6\text{ N} = 4230\text{ kN} \fallingdotseq 4200\text{ kN}$$

5.3 순수 압축을 받는 직사각형 단주

필요한 실험결과의 제한된 수에 의해 다음과 같은 단면이 변 장비(폭/높이), b/h가 1.1 혹은 그 이하인 값을 갖는 기둥으로 작용한다. 또한 기둥은 기둥의 모서리의 곡선의 반경 r이 다음과 같은 조건을 만족하는 기둥이 되어야 한다.

$$r \geq \frac{b}{6} \tag{5.10}$$

$$r \geq 35\,\text{mm} \tag{5.11}$$

만약 모서리 반경이 콘크리트 덮개나 혹은 하나 또는 2 이상의 화이바의 손실에 의해 중요한 감소가 발생한다면 기둥의 강도는 따라서 감소되지 않으면 안된다. 직사각형 단주의 경우 현저한 휨의 영향이 없고 축하중만을 받는 경우에 최대 세장비는 다음과 같이 계산한다.

$$\frac{\ell_u}{h} \leq \frac{7.5}{\sqrt{\dfrac{P_f}{f_c{}' A_g}}} \tag{5.12a}$$

(CSA-A23.3-94)

$$\frac{\ell_u}{h} \leq 10.2 \tag{5.12b}$$

(CSA-S6-88)

5.3.1 구속

직사각형 단면의 FRP 보강에 의한 구속압력은 다음과 같이 계산된다.

$$f_{frp} = \frac{2\, N_b\, \phi_{frp}\, E_{frp}\, \varepsilon_{frp}\, t_{frp}\, (b+h)}{bh} \tag{5.13}$$

여기서 FRP 변형률 ε_{frp}은 프리스트레스트 구속이 아닌 경우에는 0.002이고, E_{frp}는 FRP의 탄성계수이다. 구속압력의 효율은 원형기둥의 경우보다 직사각형 단면 기둥이 훨씬 적다. 연속구속의 경우 강도비는 다음과 같이 정의한다.

$$w_w = \frac{f_{lfrp}}{\phi_c f_c{}'} \tag{5.14}$$

구속된 콘크리트의 압축강도는 다음 식으로 결정된다.

$$f_{cc}' = f_c'(1 + \alpha_{pr} w_w) \tag{5.15}$$

직사각형 단면 기둥의 실행상수 α_{pr}은 섬유－매트릭스－콘크리트의 정착과 시공의 질에 따라 다르다. $\alpha_{pr} = 1$의 값은 현재의 시간을 암시한다. 직사각형 단면 기둥의 구속에 의한 강도의 증가는 원형단면 기둥에서 얻어지는 값에 비하여 대단히 적은 값에 지나지 않는다. 결과적으로 직사각형단면의 경우에 최소와 최대의 어떠한 한계도 제시되어 있지 못하고 있다. 그 이유는 얻을 수 있는 구속압력이 연성의 신뢰의 문제로 직사각형단면의 경우 대단히 제한적이다.

5.3.2 저항축하중

구속된 직사각형단면 기둥의 계수저항축하중은 식 (5.9)에 주어진다. 직사각형단면 기둥의 k_e의 값은 CSA 시방서 A23.3-94(구조물)과 CSA 시방서 S6-88(교량) 모두에서 0.8이다.

5.3.3 설계"예" 5.2

기둥	$\ell_u = 3000\,\text{mm}$, $b = 500\,\text{mm}$, $h = 500\,\text{mm}$, $A_g = 250{,}000\,\text{mm}^2$
철근	$A_{st} = 2500\,\text{mm}^2$, $f_y = 400\,\text{MPa}$
콘크리트	$f_c' = 30\,\text{MPa}$
FRP	$E_{frp} = 70\,\text{GPa}$, $t_{frp} = 0.3\,\text{mm}$, $\phi_{frp} = 0.75$, $\alpha_{pr} = 1.0$
하중	축고정하중 $P_D = 1300\,\text{kN}$, 축활하중 $P_L = 1450\,\text{kN}$
	계수축하중 $P_f = 3800\,\text{kN}$
$P_{r\max}$(구속전)	3530 kN

1. 이미 보강된 단주로 분류된 기둥여부 검토

$$\frac{l_u}{h} \le \frac{7.5}{\sqrt{\dfrac{P_f}{f_c' A_g}}} \tag{5.12a}$$

$$\frac{3000}{500} \le \frac{7.5}{\sqrt{3800.000/(30 \times 250.000)}}$$

$6 \le 10.5$, ok

2. 명시된 하중의 경우, 필요한 구속된 콘크리트 강도 계산

$$\alpha_1 = 0.85 - 0.0015\, f_c' \ge 0.67 \tag{5.7a}$$

$$\alpha_1 = 0.85 - 0.0015 \times 30 = 0.80$$

f_{cc}'의 항에서 식 (5.9)를 다시 표시하면

$$f_{cc}' = \frac{\left(\dfrac{P_f}{k_e} - \phi_s f_y A_{st}\right)}{\alpha_1 \phi_c (A_g - A_{st})} \tag{5.9}$$

$$f_{cc}' = \frac{\left(\frac{3,800,000}{0.80} - 0.85 \times 400 \times 2500\right)}{0.8 \times 0.6 \times (250,000 - 2500)} = 32.83\ \text{MPa}$$

3. 강도비의 계산

$$w_w = \frac{\left(\frac{f_{cc}'}{f_c'} - 1\right)}{\alpha_{pr}} = \frac{\left(\frac{32,83}{30} - 1\right)}{1} = 0.094 \qquad (5.15)$$

4. 필요 구속압력은 다음으로 결정된다.

$$f_{lfrp} = w_w - \phi_c f_c' = 0.094 \times 0.6 \times 30 = 1.69\ \text{MPa} \qquad (5.14)$$

5. FRP층의 필요 수 계산

$$N_b = \frac{f_{lfrp}\, b\, h}{2\phi_{frp}\, E_{frp}\, \varepsilon_{frp}\, t_{frp}(b+h)} \qquad (5.13)$$

$$f_{lfrp} = \frac{2 \times 7 \times 0.75 \times 70000 \times 0.002 \times 0.3(500+500)}{500 \times 500} = 1.76\ \text{MPa}$$

$$w_w = \frac{f_{lfrp}}{\phi_c f_c'} = \frac{1.76}{0.6 \times 30} = 0.0978 \qquad (5.14)$$

$$f_{cc}' = f_c'(1 + \alpha_{pr} w_w)$$

$$f_{cc}' = 30(1 + 1.0 \times 0.0978) = 32.9\ \text{MPa}$$

$$P_{r\max} = K_e\left[\alpha_1\, \phi_c\, f_{cc}'\,(A_g - A_s) + \phi_s\, f_y\, A_s\right] \qquad (5.9)$$

$$P_{r\max} = 0.8(0.8 \times 0.6 \times 32.9(250000 - 2500) + 0.85 \times 400 \times 2500)$$
$$= 3.86 \times 10^6\ \text{N} = 3810\ \text{kN}$$

이상의 “예”에서, 원형단면 기둥은 36%의 능력을 증가시키는데, 4개의 구속 층이 필요한 반면, 직사각형단면 기둥은 단 7.9%의 능력을 증가시키는데 7개의 구속 층이 필요하다. 이것은 원형기둥에 대한 FRP 구속이 효율적이고 직사각형단면의 경우의 구속기술이 비교적 비효율적이라는 것을 설명하는 것이다.

5.4 전단보강

5.4.1 전단저항능력

전단저항능력을 위한 간단하고, 일반적으로 사용하는 해석은 총 계수전단저항 $\overline{V_r}$ 을 얻기위한 3개의 다른 항의 합으로 가정한다.

$$\overline{V_r} = \overline{V_c} + \overline{V_s} + \overline{V_{frp}} \tag{5.16a}$$
(CSA-23.3-94)

$$\overline{V_r} = \phi(\overline{V_c} + \overline{V_s}) + \overline{V_{frp}}, \quad \phi = 0.75 \tag{5.16b}$$
(CSA-56-88)

그러나 $\overline{V_r}$는 다음을 초과해서는 안된다.

$$\overline{V_r} \leq \overline{V_c} + 0.8\,\lambda\,\phi_c\,\sqrt{f_c'}\,b_w\,d \tag{5.17a}$$
(CSA-A23.3-94)

$$\overline{V_r} \leq \phi(\overline{V_c} + 0.66\,\lambda\sqrt{f_c'}\,b_w\,d) \tag{5.17b}$$
(CSA-S6-88)

여기서

b_w : 깊이가 d인 최소유효복부재의 폭

d : 상부 압축 표면으로부터 인장철근의 중심까지의 거리

$\overline{V_c}$: 콘크리트가 부담하는 계수전단저항

$\overline{V_{frp}}$: FRP가 부담하는 계수전단저항

$\overline{V_s}$: 횡방향 철근에 부담시키는 계수전단저항

ϕ : 부재 저항계수

λ : 경량콘크리트에 고려하는 계수

원형단면의 경우에는, $b_w d$는 나선철근의 외측에서 외측으로 측정한 콘크리트 심부의 단면적 A_c로 대치된다.

5.4.2 구속의 한계

구속의 한계는 원형기둥에 축하중이 작용하는 경우에 대한 5.2.2의 내용에 제시되어있다. 추가의 전단철근이 요구될 경우, 강력한 보강과 식 (5.8)이 증명되지 않으면 안된다. 더욱이 제한이 없는 직사각형기둥은 식 (5.3.2)에 표시되어 있다. 그러나 추가적인 전단보강이 필요한 경우의 FRP(0.002)로 제시된 이상에서 주어진 변형률의 사용값은 초과 보강단면에 표시되었고 식 (5.6)은 증명되었다.

5.4.3 원형단면을 갖는 기둥의 강도계산

콘크리트 부담 $\overline{V_c}$

전단저항강도를 위한 콘크리트 성분 $\overline{V_c}$는 다음과 같이 주어진다.

$$\overline{V_c} = 0.2\,\lambda\,\phi_c\,\sqrt{f_c'}\,A_c \tag{5.18a}$$

(CSA-A23.3-94)

$$\overline{V_c} = V_b\,A_c \tag{5.18b}$$

(CSA-S6-88)

여기서 V_b는 CSA 시방서 S6-88에서 정의된 바와 같이 콘크리트에 의하여 수행되는 허용전단저항응력이다.

수평철근부담 $\overline{V_s}$

전단저항능력을 부담하는 철근부담 $\overline{V_s}$는 다음과 같이 결정된다.

$$\overline{V_s} = \frac{\pi}{4}\,\frac{\phi_s\,f_{hy}\,n\,A_h\,D_c}{S}\cot\theta \tag{5.19a}$$

(CSA-A23.3-94)

$$\overline{V_s} = \frac{\pi}{4}\,\frac{f_{hy}\,n\,A_h\,D_c}{S}\cot\theta \tag{5.19b}$$

(CSA-S6-88)

여기서

- A_h : 수평철근의 한 다리의 단면적 ((주) 나선철근은 $n=2$임)
- D_c : 주변 수평철근의 중심에서 중심까지의 하중방향으로의 기둥심부의 직경
- f_{hy} : 수평철근의 허용응력
- n : 하중방향에서 횡철근의 다리의 수
- s : 수평철근의 간격 혹은 나선철근의 피치
- θ : 주압축 기둥의 중심축에 대한 각도 혹은 전단균열의 경사각으로서 통상 45°로 한다.

FRP 랩 부담 $\overline{V_{frp}}$

총 두께 $N_b t_{frp}$의 FRP 랩의 전단강도에 대한 부담은 다음과 같다.

$$\overline{V_{frp}} = \frac{\pi}{2} \phi_{frp} f_{frp} N_b t_{frp} D_g \sin^2\theta \tag{5.20}$$

여기서 D_g는 원형기둥의 외곽지름이고 FRP 랩의 인장응력 f_{frp}은 다음과 같은 한계를 갖는다.

$$f_{frp} = 0.004 E_{frp} \le \phi_{frp} f_{frpu} \tag{5.21}$$

이것은 $\varepsilon_{frpe} = 0.004$의 유효변형률에 FRP 랩에서의 변형률의 한계와 일치한다. 전단보강을 위한 FRP 랩의 필요 두께는 식 (5.16a)에서 식 (5.20)과 식 (5.21)을 대치함으로서 얻어질 수 있다. 즉

$$N_b t_{frp} \ge \frac{2(\overline{V_r} - \overline{V_c} - \overline{V_s})}{0.004 \pi \phi_{frp} E_{frp} D_g \sin^2\theta} = \frac{500(\overline{V_r} - \overline{V_c} - \overline{V_s})}{\pi \phi_{frp} D_g \sin^2\theta} \tag{5.22a}$$

같은 방법으로 교량의 경우에는 식 (5.16b)로서 다음과 같이 주어진다.

$$N_b t_{frp} \ge \frac{2(\overline{V_r} - \phi(\overline{V_c} + \overline{V_s}))}{0.004 \pi \phi_{frp} E_{frp} D_g \sin^2\theta} = \frac{500(\overline{V_r} - \overline{V_c} - \overline{V_s})}{\pi \phi_{frp} E_{frp} D_g \sin^2\theta} \tag{5.22b}$$

5.4.4 설계 "예"5.3 전단강도 계산

예제 5.1에서 해석한 원형기둥의 전단저항강도의 결정.

기둥	$\ell_u = 300\,\text{mm},\ D_g = 500\,\text{mm},\ A_c = 122540\,\text{mm}^2$
강재	$A_{st} = 2500\,\text{mm}^2,\ f_y = 400\,\text{MPa}$
횡방향철근	$A_k = 200\,\text{mm}^2\,@\,200\,\text{mm},\ n = 2,\ f_y = 400\,\text{MPa},\ D_c = 395\,\text{mm}$
콘크리트	$f_c' = 30\,\text{MPa},\ \theta = 45^\circ$
FRP	$f_{frpu} = 1200\,\text{MPa},\ t_{frp} = 0.3\,\text{mm},\ \phi_{frp} = 0.75,\ \alpha = 1.0$ $E_{frp} = 87.5\,\text{GPa},\ N_b = 4$

예제 5.1에서 FRP 랩 4층의 제한값은 기둥의 축하중을 P_f = 4200 kN의 목표치까지 촉진함을 보여주고 있다.
여기, 전단저항능력을 계산할 수 있다.

1. 각 재료가 부담하는 계수전단저항의 계산

$$\overline{V_c} = 0.2\,\lambda\,\phi_c\,\sqrt{f_{c'}}\,A_c \tag{5.15a}$$

$$= 0.2 \times 1 \times 0.6 \times \sqrt{30} \times 1225040 = 80.5\,\text{kN}$$

$$\overline{V_s} = \frac{\pi}{4}\frac{\phi_s\,f_{hy}\,n\,A_h\,D_c}{S}\cot\theta \tag{5.19a}$$

$$= \frac{\pi}{4}\frac{0.85 \times 400 \times 2 \times 200 \times 395}{200} \times (1.0) = 211.0\,\text{kN}$$

$$\overline{V_{frp}} = \frac{\pi}{2}\,\phi_{frp}\,f_{frp}\,N_b\,t_{frp}\,D_g\,\sin^2\theta \tag{5.20}$$

$$= \frac{\pi}{2}0.75 \times (0.004 \times 85.700) \times 4 \times 0.3 \times 500 \times (0.5)$$

$$= 121.2\,\text{kN}$$

2. 단면의 계수전단저항의 계산

$$\overline{V_r} = \overline{V_c} + \overline{V_s} + \overline{V_{frp}} \tag{5.16a}$$

$$= 80.5 + 211.0 + 121.2 = 412.7\ \mathrm{kN}$$

3. $b_w\, d = A_c$를 이용하여 식 (5.17a)로서 최대 허용전단저항능력의 검출

$$\overline{V_r} \le \overline{V_c} + 0.8\,\lambda\,\phi_c\,\sqrt{f_c{}'}\,A_c \tag{5.17a}$$

$$= 80.5 + 0.8 \times (1.0) \times 0.6 \times \sqrt{30} \times 122540$$

$$= 402.7\ \mathrm{kN}$$

식 (5.17a)는 전단저항능력을 지배한다, 그리고 $\overline{V_r} = 403\ \mathrm{kN}$

5.4.5 직사각형 단면을 갖는 기둥의 전단저항강도 계산

콘크리트 부담 $\overline{V_c}$

전단저항강도를 위한 콘크리트 부담은 식 (5.18)에 주어진 바와 같다. 다만 A_c를 $b_w\, d$로 대치하면 된다.

수평철근 부담 $\overline{V_s}$

전단저항능력을 위한 철근 부담 $\overline{V_s}$는 다음으로 결정된다.

$$\overline{V_s} = \frac{\phi_s\, f_{hg}\, n\, A_h\, d}{S}\cot\theta \tag{5.23a}$$

(CSA-A23.3-94)

$$\overline{V_s} = \frac{f_{hg}\, n\, A_h\, d}{S}\cot\theta \tag{5.23b}$$

(CSA-S6-88)

FRP 랩 부담 $\overline{V_{frp}}$

전단저항강도를 위한 총 두께 $N_b\, t_{frp}$의 FRP 랩의 부담은 다음과 같다.

$$\overline{V_{frp}} = 2\,\phi_{frp}\, f_{frp}\, N_b\, t_{frp}\, d\,\sin^2\theta \tag{5.24}$$

여기서

$$f_{frp} = 0.002\, E_{frp} \le \phi_{frp}\, f_{frpu} \tag{5.25}$$

직사각형 단면의 경우, $\varepsilon_{frpe} = 0.002$ 의 FRP 랩에서의 유효변형률이 적용된다. 이것은 유효 구속 변형률로 명시된 것과 같은 값이다. 전단보강을 위한 FRP 랩의 필요 두께는 식 (5.24)와 식 (5.25), 식 (5.16a)에 대치함으로서 얻을 수 있다.

$$N_b\, t_{frp} \ge \frac{(\overline{V_r} - \overline{V_c} - \overline{V_s})}{0.004\,\phi_{frp}\, E_{frp}\, d\,\sin^2\theta} = \frac{250(\overline{V_r} - \overline{V_c} - \overline{V_s})}{\phi_{frp}\, E_{frp}\, d\,\sin^2\theta} \tag{5.26}$$

교량의 경우 유사한 관계가 식 (5.16b)로부터 얻을 수 있다.

5.4.6 설계 “예” 5.4

기둥	$b = 500\text{ mm}$, $h = 500\text{ mm}$, $A_g = 250000\text{ mm}^2$
철근	$A_{st} = 2500\text{ mm}^2$, $f_y = 400\text{ MPa}$, $d = 450\text{ mm}$
콘크리트	$f_c' = 30\text{ MPa}$, $\theta = 45°$
횡방향철근	$A_h = 200\text{ mm}^2$@200 mm, $f_{hy} = 400\text{ MPa}$, $n = 2$
FRP	$E_{frp} = 70\text{ GPa}$, $t_{frp} = 0.3\text{ mm}$, $\phi_{frp} = 0.75$
하중	$\overline{V_f} = 500\text{ kN}$

1. A_c를 $b_w\, d$를 대치하고 $\overline{V_s}$와 $\overline{V_c}$의 계산

$$\overline{V_s} = \frac{\phi_s\, f_{hy}\, n\, A_h\, d}{S} \cot\theta \qquad (5.23a)$$

$$= \frac{0.85 \times 400 \times 2 \times 200 \times 450}{200} \times (1.0) = 306.0\ \text{kN}$$

$$\overline{V_c} = 0.2\, \lambda\, \phi_c \sqrt{f_c'}\, b_w\, d \qquad (5.18a)$$

$$= 0.2 \times 1 \times 0.6 \times \sqrt{30} \times 500 \times 450 = 147.9\ \text{kN}$$

2. FRP 층의 필요한 수 계산

$$N_b \geq \frac{250\,(\overline{V_f} - \overline{V_c} - \overline{V_s})}{\phi_{frp}\, E_{frp}\, t_{frp}\, d\, \sin^2\theta} \qquad (5.26)$$

$$N_b \geq \frac{250\,(500 - 147.0 - 306) \times 10^3}{0.75 \times 70{,}000 \times 0.3 \times 450(0.5)} = 3.25$$

따라서 4개 층 사용

3. $\overline{V_{frp}}$와 $\overline{V_r}$의 계산

$$\overline{V_{frp}} = 2\, \phi_{frp}\, f_{frp}\, N_b\, t_{frp}\, d\, \sin^2\theta \qquad (5.24)$$

$$= 2 \times 0.75(0.002 \times 70{,}000)4 \times 0.3 \times 450(0.5)$$

$$= 56.7\ \text{kN}$$

$$\overline{V_r} = \overline{V_c} + \overline{V_s} + \overline{V_{frp}} \qquad (5.16a)$$

$$= (147.9 + 306.0 + 56.7)$$

$$= 510.6\ \text{kN}$$

4. 최대 전단저항능력 검토

$$\overline{V_r} \leq V_c + 0.8\, \phi_c \sqrt{f_c'}\, b_w\, d \qquad (5.17a)$$

$$\leq 147.9 \times 10^3 + 0.8 \times 0.6 \sqrt{30} \times 500 \times 450 = 739.4\ \text{kN}$$

이 “예”에서 필요한 전단저항능력을 위하여 4개 층의 FRP 랩이 필요함.

5.5 축하중능력을 위한 보강한계

설계상 계수하중증가는 일반적으로 고정하중 혹은 활화중 증가에 기인한다. 축하중에 대한 구속의 영향은 법선 방향의 변형률이 충분히 크지 않으면 활성화 될 수 없으므로 크리프나 혹은 피로에 의한 시간에 따른 파괴가 발생하지 않도록 해야한다.

5.5.1 크리프

Neville(1995)에 의하면, 일정하게 지지되어 있는 구조적 또는 비구조적인 요소의 중량으로 구성된 고정하중 P_D는 다음의 한계를 초과해서는 안된다.

$$P_D \le 0.85\,(0.8\,\alpha_1\,\phi_c\,f_c'(A_g - A_{st}) + f_s A_{st}) \tag{5.27}$$

여기서 α_1은 식(5.7)에 주어진 바와 같고, 축방향 철근의 변형률 f_s는 다음의 두 값보다 작아야 한다.

$$f_s \le 0.0015 E_s \tag{5.28a}$$

$$f_s \le 0.8\,f_g \tag{5.28b}$$

여기서 E_s는 철근의 탄성계수이다. 만약 기둥이 0.0019보다 작은 항복변형률인 철근으로 보강되어 있다면, 식 (5.28a)는 설계를 지배할 것이다.

5.5.2 피로

FRP 구속 기둥의 경우, 고정하중과 활하중(P_L)의 조합은 콘크리트 응력이 피로내구연한(Neville 1995) 이내에 잔존하는 다음과 같은 한계를 초과해서는 안된다.

$$0 \le \frac{P_D}{f_c' A_g} \le 0.5 \text{인 경우} \qquad P_L \le 0.4\,f_c' A_g - 0.28 P_D \tag{5.29a}$$

$$0 \le \frac{P_D}{f_c' A_g} \le 0.75 \text{인 경우} \qquad P_L \le 0.46 f_c' A_g - 0.4 P_D \qquad (5.29b)$$

$$0.75 \le \frac{P_D}{f_c' A_g} \le 1 \text{인 경우} \qquad P_L \le 0.64 f_c' A_g - 0.64 P_D \qquad (5.29c)$$

5.5.3 설계 "예" 5.5

이 "예"는 설계"예"5.1의 연속이다.

기둥	$\ell_u = 3000\ \text{mm},\ D_g = 500\ \text{mm},\ A_g = 196.350\ \text{mm}^2$
철근	$A_{st} = 2500\ \text{mm}^2,\ f_g = 400\ \text{MPa},\ E_s = 200\ \text{GPa}$
콘크리트	$f_c' = 1200\ \text{MPa},\ \alpha_1 = 0.8$
FRP	$f_{frp} = 1200\ \text{MPa},\ t_{frp} = 0.3\ \text{mm},\ \phi_{frp} = 0.75,\ \alpha_{pc} = 1.0,\ N_b = 4$
하중	$P_D = 1500\ \text{kN},\ P_L = 1550\ \text{kN}$, 필요한 $P_f = 4200\ \text{kN}$, $P_{r\max}$(제한전) $= 3140\ \text{kN}$

1. 필요한 추가적인 축보강 없는 고정하중을 받는 기둥 여부 검토 증명

$$f_s \le E_s \times 0.0015 = 200.000 \times 0.0015 = 300\ \text{MPa} \qquad (5.28a)$$

$$f_s \le 0.8 f_g = 0.8 \times 400 = 320\ \text{MPa} \qquad (5.28b)$$

$f_s \rightarrow 300\ \text{MPa}$

$$P_D \le 0.85\,(0.8\,\alpha_1\,\phi_c\,f_c'(A_g - A_{st}) + f_s A_{st}) \qquad (5.27)$$

$$1.5 \times 10^6 \le 0.85(0.8 \times 0.8 \times 0.6 \times 30(196350 - 2500 + 300 \times 2500) = 2.54 \times 10^6 \quad \text{ok}$$

2. 기둥의 피로 저항이 만족되는가 검토

$$P_L \leq 0.4\, f_c{}' A_g - 0.28 P_D \tag{5.29a}$$

$$1.55 \times 10^6 \leq 0.4 \times 30 \times 196.350 - 0.28 \times 1500.000 = 1.94 \times 10^6 \text{ N} \qquad \text{ok}$$

06 시방서

6.1 일반사항

외부 부착용 FRP재료를 사용한 기존 구조물의 보강이 비교적 단순한 기법일지라도 FRP의 적절한 시공이 보수될 구조물의 적절한 작업성을 확보하는데 필수적이다. 왜냐하면 한 시스템에서 다른 시스템으로 시공순서가 상이함으로 특정 구조물의 외부보강을 위한 특성의 시방서가 명확하게 정의되어져야 한다. 설계시방서는 건설현장의 준비뿐만 아니라 모든 FRP재료 시스템의 설치와 경화에 대한 품질보강 계획을 준비하기 위한 요구사항을 포함해야 한다. 품질보강에 관한 보다 상세한 내용은 7-1에 주어져 있다.

다음에 나타낸 조항은 기술시방서의 계획과 준비뿐만 아니라 건설현장에서 선정된 물품의 설치를 위한 기초적인 요구사항을 나타낸다. 협의된 주 주제는 상업적으로 유용한 재로에 관한 과거의 경험에 기초하고 있다. 주어진 구조적 응용성을 위하여 선정할 수 있는 가용 시스템에 큰 다양성을 주기 때문에 모든 경우에 있어서 시공 방식은 제조자의 정해진 추천을 따라야 할 것이다.

6.2 정의

이 절에서 사용한 다음의 항은 다음과 같이 정의된다.

계약자는 FRP재료를 설치하는 개인, 건설회사, 혹은 건설회사 대리자이다.

설계자는 구조적 보강에 이용되는 FRP재료의 형식, 위치(적층의 수, 길이와 폭), 그리고 구조적인 실행을 결정하기 위한 필요한 설계 계산을 수행할 수 있는 기술자다. 설계자는 다음과 같이 정의된 등록된 기술자이어야 한다. 계약자를 위하여 일을 하고 그들에 의해 위임되어져야 한다.

기술자는 구조물의 경영자나 소유자의 이익을 위하고, 이익을 위하여 행동하는 등록된 기술자다.

감독자는 계약자, 기술자, FRP재료의 공급자와는 완전히 독립된 등록된 전문 기술자다. 그는 품질관리 보증 책임을 진다.

6.3 FRP재료의 승인

6.3.1 기술자에 의하여 준비된 기술시방서

계약자는 보강 혹은 보수될 요소의 각각에 기술자에 의하여 제시된 FRP재료를 사용하지 않으면 안된다. 계약자는 시방서에 제시된 길이, 폭, 방향과 계획과 설치순서에 주의해야 한다. 6.3.2항(기술자에 의하여 준비된 실시 시방서) 의 동의하에서 기술자가 승인한 대체 재료는 사용할 수 있다. 기술자에게 대체 재료의 수락을 강요해서는 안된다.

6.3.2 기술자에 의하여 준비된 실시 시방서

섬유의 형식, 매트릭스의 형식, 적층의 수, 제안된 시스템의 충만 비율은 시공이 시작 되기 전 확실한 날짜 이내에 인가를 위하여 제출되지 않으면 안된다. 계약자는 시공조건과 정보 (온도, 지속기간, 기후, 기타) 뿐만 아니라. 추천한 재료의 역학적인 성질과 관련한 모든 적절한 정보를 준비하지 않으면 안된다.

기초층과 보호층을 포함하는 제시된 FRP 보강의 설계계산도 계약서류에 의하여 시공 시작전에 정확한 날짜 이내에 인가를 위하여 엔지니어에게서 제출되도록 하지 않으면 안된다. 설계 계산은 설계자의 서명과 보증을 받지 않으면 안된다.

계약자는 제시된 재료가 구조물의 기대수명동안 활용조건을 위하여 기술자에 의하여 사용성과 내구성을 갖출 것을 보증하지 않으면 안된다.

6.3.3 계약자에 의하여 준비된 시방서

계산은 기하학적인면에서 현 상태의 존재와 구조요소의 실질적인 성분에 기초하지 않으면 안되고, 필요에 따라 현장을 확인하지 않으면 안된다.

계산은 응용하는 규정뿐만 아니라 기술자에 의하여 확인된 실행기준에 의지하여 구조물에 응용할 수 있는 하중의 모든 형식을 포함하지 않으면 안된다.

계산은 구조물에 영향을 주는 기후, 온도, 화학제품이나 혹은 해빙제에 의한 직접적인 공격, 자외선 광선, 교통, 얼음과 침전물의 파괴 등의 환경적 영향을 고려하지 않으면 안된다.

보강을 위한 FRP 재료의 설계는 승인된 시방서에 의하여 시행되지 않으면 안되고 혹은 사업의 정확한 특성을 고려한 안내서나 이미 알려진 지침서의 불이행은 있어서는 안된다. 설계 계산은 설계자에 의하여 준비되지 않으면 안된다.

FRP 보강 시스템은 6.3.2(실시 시방서는 기술자에 의하여 준비)에 제시된 바와 같이 인가를 위하여 기술자에게 제출되지 않으면 안된다.

6.4 FRP 재료의 취급과 저장

모든 섬유, 매트릭스와 FRP 재료의 선적, 취급. 저장은 재료의 역학적 뿐만 아니라 재료의 물리적 성분을 보존하기 위하여 제조자의 규정에 따라 실시되지 않으면 안된다. 적절한 안전측정은, 어떤 제품이 공중보건과 환경에 해가 될 지 모르는 그러한 환경의 규정과 측정의 안전을 고려한 다음을 고려하지 않으면 안된다.

6.4.1 일반사항

선택된 재료(매트릭스, 섬유)의 기술 자료는 사업이 시작되기 전에 요구되는 날짜 이내에 인가를 위하여 기술자에게 제출되어야 한다. 선정 FRP 구성재료에 대한 역학적인 성질, 요구사항과 작업자, 환경, 공공의 안전을 적합한 문서에 명확히 제시되어야 한다.

6.4.2 선적

FRP 재료는 모든 실행하는 포장과 선적 규정과 법규에 따르는 방법으로 포장되고 선적되어져야 한다. 포장, 꼬리표붙이기와 부식, 인화성 혹은 위험성으로 분류되는 열경화성 매트릭스 재료의 선적은 특별한 주의를 하지 않으면 안된다. 이것은 위해한 재료를 위한 특별한 규정과 관련하여 취해지지 않으면 안된다.

FRP 시스템의 구성 재료는 건설현장으로 인도될 때 검수되어야 한다. 개봉되거나 손상된 컨테이너의 사용은 사전에 기술자의 서면위임이 없다면 피해야 한다.

각 시공에 사용된 모든 FRP 구성 재료는 각각의 재료안전자료지(MSDSs)와 함께 선적해야 한다.

계약자와 FRP재료의 공급자는 구성재료가 적당한 조건(온도, 기후)에서 선적되어야한다는 점을 확실하게 해야 한다.

6.4.3 저장

6.4.3.1 저장조건

FRP 구성재료의 저장에 있어 적합한 안전을 확보하고 성분을 보존하기 위하여 깨끗하고 건조한 장소와 햇빛이 차단되도록 준비되지 않으면 안된다. 제조사의 권고에 따른 환기와 온도 조절을 해야 한다.

요구사항에 관련한 특별안전을 요하는 반응성경화제, 경화제, 개시제, 촉매제, 세척용제의 저장과 취급에 특별한 주의를 하지 않으면 안된다. 촉매제와 과산화물과 같은 반응개시제는 분리하여 저장해야 한다.

6.4.3.2 미사용 기간

재료 제조사는 수지 재료특성이 초기성능요건을 만족하는 기간인 shelf life를 정한다. 이 기간은 시간과 주변 조건, 주로 혼합시스템의 반응과 비경화와 경화에 영향을 주는 것으로 알려진 온도나 습도를 고려해야 한다. 계약자 혹은 감독관은 각 재료의 선정된 저장과 보관시간 관계를 명확하게 인지하는 것을 확실히 해야 한다. 어떠한 변질되고 오염된 재료는 콘크리트 보강에 사용되어서는 안된다. 보관기간을 초과되거나 혹은 사용불가능으로 간주되는 재료는 제작자에 의하여 명시된 방법과 관련기관의 환경통제규정에 허용하는 방법으로 처분되어야 한다.

6.4.4 취급

FRP 재료와 구성재료에 대한 물질 안전 자료지는 제조자로부터 제공되어야 한다 그리고 작업장에서 쉽게 접근될 수 있어야 한다.

FRP 성분의 잠재적인 위험성과 취급에 대한 상세한 정보는 에폭시 성분의 안전취급에 관한 일반적인 지침과 같은 정보자료에서 발견할 수 있다.

6.4.4.1 일반적인 취급위험성

열경화성 수지는 불포화 폴리에스터, 비닐에스터, 에폭시와 폴리우레탄 수지를 포함한 제품이다. 이들은 일반적으로 6.4.3.1에 열거된 재료와 혼합하여 사용되고, 아이소시아네이트, 충전제, 유연제로 첨가할 수 있다. 열경화제와 그들과 함께 사용되는 재료를 취급할 때 특별한 주의가 있어야 한다. 재료안전자료지(MSDSs)는 제조자가 제공하는 물질안전자료지의 정보는 명확하고 모든 잠재 위험성을 반영해야 한다.

열경화성 수지와 부속재료로 작업을 하거나 감독을 하는 모든 사람이 읽고 이해할 수 있는 표식과 재료안전자료지(MSDSs)는 필수적이다.

6.4.4.2 개인 안전지침과 착의

일회용 의복과 장갑은 섬유와 수지재료를 취급할 때 사용하기에 적당하여야 한다. 일회용 고무 또는 비닐장갑은 추천을 받아야 하고 사용 후 버려야 한다. 장갑은 수지와 용제의 침투를 막아야 한다. 안경과 보안안경의 안전한 사용과 먼지마스크 혹은 인공호흡장치와 같은 호흡 보호대는 취급 수지의 성분과 용제 혹은 섬유날림, 먼지 혹은 유기물이 존재할 경우 추천을 받아 사용해야 한다.

6.4.4.3 작업장 안전취급

작업장은 적당하게 환기가 되어야 한다. 표면은 오염과 수지의 흘림을 방지하기 위한 필요에 따라 덮개를 씌워야 한다.

FRP 시스템의 각각 구성재료들은 각기 다른 취급방법과 손상방지에 관한 보관 요구서를 갖고 있어야 한다. 몇 매트릭스 시스템 구성재료 혼합 시에 잠재적으로 위험성을 갖는 경우도 있다. 적절한 저장, 취급에 관한 정보와 혼합매트릭스재료와 잠재위험성과 그와 관련된 정보는 제작자에 의하여 제공 준비되고 공사현장에서 참고가 되도록 이용되어야 한다. 혼합수지 용기는 때때로 관찰되어져야 한다. 그 이유는 연기, 화재 등의 제어 불가능한 사건 혹은 격렬한 파열의 발생 때문이다.

6.4.5 청소와 폐기물처리

청소는 인화성 용제를 다루기 때문에 적절한 주의가 요구된다. 모든 폐기재료는 환경 당국에 의하여 제시된 것과 같이 처리되고 포함되어야 한다.

6.5 간부의 자격

작업자에 대하여 책임지는 감독관과 직원은 FRP재료의 시공과 경화재를 위한 필요조건이 충족되는 지를 결정할 수 있어야 한다. 그들의 각각은 실행하는 작업의 질을 또한 평가할 수 있어야 한다.

건설현장에서의 안전을 책임지고 있는 사람은 수지의 사용에 관련한 위험성과 불의의 사고의 경우에 대처해야 할 비상행동에 대하여 잘 알고 있지 않으면 안된다. 이런 사람은 재료안전자료지(MSDSs)에 의하여 취하지 않으면 안되는 방어행동을 잘 알고 있지 않으면 안된다. 작업자는 FRP 시스템의 설치의 모든 단계의 기본 지식을 갖고 있어야 한다. 최소한의 필요한 지식은 안전지침, 수지의 혼합비율, 작업속도, 가용수명과 경화시간 뿐만 아니라 설치기술에 이르기까지의 모든 이해를 포함한다.

계약자는 그의 직원의 훈련을 준비하는데 책임을 갖고 그리고 그의 직원이 기술자의 요청에 있어 직원의 경험과 자격을 증명할 수 있도록 준비해야 한다.

작업자는 주의깊게 재료를 다루지 않으면 안된다 왜냐하면 섬유와 수지재료의 충격, 상처, 조제의 잘못, 오염 혹은 변경은 FRP 보강성능을 위태롭게 할지 모르기 때문이다.

시간 또는 온도, 습도로 재료 물성변화 가능성이 있기 때문에 기대되는 수지 특성을 얻기 위해 혼합물의 가용시간이 지켜지는 것이 필수적이다.

6.6 콘크리트 표면처리

6.6.1 일반사항

콘크리트 자체 혹은 콘크리트 기초의 조건에 관련된 모든 문제는 표면처리에 달려있다.

FRP 시스템의 시공 전 콘크리트 표면처리는 재료에 따라 다르다. 일반적으로 각 제조자는 각 제품의 최적의 처리방법을 수립해야 한다. 감독관과 기술자는 표면검사시 제작자의 추천을 고려해야 한다.

만약 설치되어야 할 시스템으로 적합하고 그리고 철근의 녹슬음이나 혹은 부적당한 접착제의 위해 없이 만족스럽게 시공할 수 있다면 본래의 콘크리트 혹은 보수면적은 남겨둬야 한다. 그런 경우에 적당한 표면청소는 필요하다.

철근부식을 포함하여 의심되는 콘크리트 요소에 접착보강 FRP 시스템을 적용할 때는 주의해야 된다. 철근부식에 의하여 모든 손상은 외적 · 접착 FRP 시스템 실시 이전에 처리되어져야 한다.

6.6.2 건조조건

6.6.2.1 기존 기반의 보수

보수를 위한 콘크리트 표면에는 붙어있지 않는 부분이나 조각이 없어야 한다. 표면은 기름찌꺼기나 혹은 오염으로부터 깨끗해야 한다. 기술자나 제작자의 대리인은 시공절차가 진행되기 전에 표면을 조사하고 승인해야 한다. 콘크리트 표면은 계획상의 지시된 재료로서 본래의 단면에 따라 보수 혹은 재성형되어야 한다.

뾰족한 단면을 갖는 단면은 FRP 시스템으로 시공 전에 35mm 최소 반경으로 둥글게 하지 않으면 안된다. 보수된 표면은 원래의 콘크리트에 공고하게 부착되고 일체가 되어야 한다 보수표면은 FRP 시스템 제작자의 요구사항을 이행해야 한다.

FRP 제작자에 의하면, 균열폭이 0.3mm와 그 이상이면 비교적 높은 온도차와 진동이 있는 경우에 층 분리나 혹은 섬유파손을 통하여 외부부착 FRP 시스템 성능에 영향을 줄 수 있다. 따라서 균열이 0.3mm 이상이면 ACI224.1R의 지침에 따라

에폭시로 압력주입해야 한다. 염분이나 화학제품 등의 부식이 강한 환경에 노출된 미세한 균열 또한 철근의 부식방지를 위하여 에폭시 주입이 필요하다.

6.6.2.2 휨과 전단 보강을 위한 표면처리

FRP 시스템이 적용되는 콘크리트 혹은 보수표면은 새롭게 노출되며, 약하고 불건전한 재료가 있어서는 안된다. 적합한 표면의 거칠기는 표면의 위치에 따라 다음과 같은 방법의 하나를 사용하여 얻을 수 있다. 매우 밋밋한 콘크리트 표면부분은 골재가 보일 때까지 샌드블라스팅 할 수 있다. 매우 거친 면은 제작자나 기술자가 승인한 재료를 사용하여 평평하게 할 수 있다. 모든 경우에 기존 코팅과 FRP의 접착에 해가될 수 있는 모든 레이탄스, 먼지, 기름, 경화분, 기타 여러 물질들은 제거되어야 한다.

표면은 적절한 시간내에 깨끗이 블라스트되고 FRP시공 전까지 보호되어 접착 시 방해가 될 수 있는 어떠한 부가재료도 표면에 부착되지 않도록 한다. FRP가 시공되는 콘크리트 표면은 일반적으로 밋밋해야 한다. 작은 구멍이나 공극은 폴리에스터수지모르타르나 퍼티로 채워야 한다. 튀어나온 부위의 편차는 FRP 시스템 기술자가 추천한 허용오차이내가 되도록 해야 한다. 돌출부의 제거와 모르타르와 퍼티 기반의 고분자재료로 부분패칭은 필요에 따라 실시되어야 한다. 새로운 표면의 충분한 평탄성이 보장되어야 한다.

콘크리트 표면은 효과적인 접착을 보장하기에 충분한 인장과 전단 강도를 가져야 한다. 인장강도는 ASTM규격 D4541에 따른 인장시험에 의하여 측정될 수 있다. 전단강도는 인장강도로부터 계산될 수 있다. 필요 강도를 검증하는 것은 설계자의 책임이다.

직사각형 단면은 모서리를 둥글게 하든지 혹은 최소반경 35mm로 형상화하여 FRP 재료에서의 응력집중과 콘크리트 기반과 FRP 사이의 공극을 방지해야 한다. 거친 모서리는 에폭시 겔로 매끄럽게 해야 한다. 보강시스템이 적용될 모든 표면은 수지시스템이 시공되기 전에 FRP 시스템 제조자의 요구사항에 따라 건조되지 않으면 안된다. 콘크리트 구멍속의 물은 수지의 침투를 방해하고 기계적인 결합을 감소시킨다. 습기의 흡수율은 ACI규격503.4 요구사항에 근거하여 평가할 수 있다.

일반적으로 콘크리트는 표면물기 제거 후 24시간 건조됐을 때를 고려한다. 콘크리트의 최소 가사시간은 사용되는 수지시스템과 부합되어야 한다.

6.6.2.3 덮개에 대한 표면처리

콘크리트 부에 덮개를 적용하는 경우, 표면처리는 콘크리트와 FRP 덮개 시스템 사이의 연속적인 치밀한 부착을 보장해야 한다.

6.6.3 특별한 조건

구조물에서 보수 부분을 건조시킬 필요가 있을 때는 언제나 선택된 건조시스템의 계획과 계산은 자격 기술자에 의하여 준비되어야 하고, 기술자의 승인을 위하여 제출되어야 한다. 그리고 나서 콘크리트 표면처리가 정해진 건조조건하에서 수행될 수 있다.

규정된 표면을 얻기 불가능하거나 혹은 콘크리트 강도가 부적합할 경우, 적절한 방안이 설계자에 의하여 실시되어야 하고, 기술자나 보강시스템 제공자에 의하여 승인되어야 한다.

콘크리트에서 누수가 있는 경우, 실질적인 누수에 적합한 특수 수지를 사용해야 한다. FRP시공이 진행되기 전에 물의 누수와 범위에 대한 정보를 기술자에 알려야 된다. 이 목적을 위하여 제조되고 기술자가 승인한 수지시스템이 사용되어야 한다. 평탄성, 조도 그리고 기술한 건조 상태의 정리는 보장되어야 한다. 기술자와 계약자 모두 압력이 보강구조물의 원래의 상태에 영향을 주거나 부착파손을 유발시키지 않을 것이라는 것을 증명해야 한다.

수중에서 FRP 재료의 시공방법론은 제작자의 추천에 의하여 상세하게 제시되어야 하고 기술자에 의하여 승인되어야 한다.

6.7 FRP시스템의 설치

6.7.1 준비와 기후조건

적절한 설치과정이 FRP 시스템과 관련 구조물에 의하여 구체화되어야 한다.

6.7.1.1 장비

공사 시작 전에 필요장비는 FRP 재료 시스템 요구사항에 따라 설치되어야 한다. 모든 장비는 깨끗하고 작동조건이 양호해야 하고 기술자와 감독관의 검사가 가능하도록 해야 한다. 모든 재료와 기구공급 뿐만 아니라 개인 보호장비는 안전한 공사의 연속성과 품질보증을 허용할 수 있도록 충분한 양이 준비되어야 한다.

어떤 FRP 시스템은 적용부분에 특별히 제작된 장비를 요구할 수 있다. 이 장비는 수지 함침기, 스프레이어의 위치를 잡는 장치 그리고 권치기를 포함한다. 계약자는 특수 장비를 설치할 수 있는 자격을 가지는 인원을 확보해야 한다.

6.7.1.2 온도, 기후, 습기 관련

설치 시의 온도, 기후, 결로점 FRP 시스템 성능에 영향을 줄 수 있다. 일반적으로, 프라이머, 함침수지와 접착제는 차갑고 결빙된 표면에는 바르지 말아야 한다. 그런 경우에는 FRP 시스템 제조자가 제공하는 승인된 절차가 추천된다.

FRP 시스템이 요구하는 콘크리트의 표면온도 혹은 기온 이하인 경우 혹은 결로점일 경우에는 설치 또는 경화 과정 동안에 FRP 재료에 보조적인 열을 가할 필요가 있다. 적절한 추천에는 시스템 제작자의 자문이 되어야 한다. 열원은 청결하고 표면이나 FRP 재료가 오염되지 말아야 한다 이 경우에 있어 계약자와 기술자는 승인된 설치공정을 FRP제작자와 협의해야 한다.

수지와 접착제는 젖은 표면에 시공될 수 있도록 특별히 제고되지 않았다면 젖은 표면에 시공해서는 안된다. 수분 혹은 배면의 물이 잠입되는 콘크리트 표면 경우

이런 문제가 명확하게 해결되든지 혹은 특별히 그런 조건에 사용되도록 특별히 제조된 수지시스템이 아니라면 FRP 재료를 시공해서는 안된다.

6.7.1.3 수지의 혼합

혼합장비는 소형전기혼합장치, 특제품, 필요한 경우 수동장비를 포함할 수 있다.
혼합은 FRP 시스템 제조자의 추천공정에 따라 실시되어야 한다. 모든 구성재료는 적당한 온도에서 그리고 정확한 비율로, 기포없이 균일하고 완전한 혼합이 되도록 혼합되어야 한다.

수지가사시간 이내에 혼합수지가 사용되도록 적은 양의 수가 혼합되도록 해야 한다. 가사시간이 지난 혼합수지는 사용되어서는 안된다. 수지점도가 올라가 표면의 함침과 섬유시트에 충분한 적심에 심각한 영향을 주는 수준이 될 수 있기 때문이다.

6.7.2 일반적인 시공순서

6.7.2.1 프라이머와 퍼티

프라이머는 보강 재료가 붙여질 콘크리트 표면 전 부분에 칠해져야 한다. 프라이머는 콘크리트 기저면에 침투를 위하여 충분히 낮은 점도를 가져야 한다. 프라이머는 명시된 도포 비율로 처리된 표면상에 균일하게 칠해져야 한다.

콘크리트의 알칼리가 수지층을 뚫고 유리섬유로 연결되지 않게 유리섬유의 경우에 프라이머 층 두께는 충분하지 않으면 안된다.

퍼티는 FRP 제조자의 추천으로 프라이머 다음 적절한 두께로 적용되어야 한다. 퍼티는 다른 재료를 시공하기 앞서 공극과 완만한 표면의 불연속을 채우고 평탄화하는데 이용되어야 한다. 거친 퍼티 단부는 완만하게 마무리해야 한다. 프라이머와 퍼티는 다음 재료를 시공하기 전에 FRP 제조자에 의하여 명시된 바와 같이 경화되도록 조치해야 한다.

6.7.2.2 수작업 습식 레이업 시스템

현장에서 함침용 수지와 함께 사용되는 건식과 미리 함침된 섬유 쉬트나 직조물이 수작업 습식 레이업 시스템에 포함된다. 함침용 수지는 보강재가 시공될 모든 처리된 표면에 균등하게 시공해야 한다. 쉬트와 직조물이 시공되고 섬유보강재가 경화 전에 수지에 완전 함침되도록 충분히 낮은 점도를 가져야 된다.

섬유재료는 콘크리트 표면에 부착하기 전에 다른 공정을 통하여 수지에 함침될 수 있다.

보강섬유재료는 FRP 시스템 제조자에 의하여 추천된 방법으로 함침용 수지에 놓여진다. 섬유 층 사이에 갖힌 공기는 수지가 경화되기 전에 빼내든지 없애야 한다. 그렇게 하는데 있어, FRP재료는 섬유에 평행하게 중심이나 한 끝에서 앞뒤방향으론 움직이지 말고 한 방향으로 작업할 것을 권고하고 있다. 수지의 충분한 양이 섬유의 완전한 함침이 되도록 적용되어야 한다. 여러층의 FRP 재료가 적층되는 경우 하루에 한 층 이상 적층이 가능하다. 이런 경우 수지가 경화되지 않은 이전의 층들이 움직이지 않도록 주의하지 않으면 안된다. FRP 시스템의 레이업 과정의 피할 수 없는 중단의 경우에는 크리닝 혹은 가벼운 샌딩과 같은 층간 표면처리가 필요하게 된다. 모두의 경우에 있어서 기술자, 감독관 혹은 제조자는 최대 적층수를 한정하고 혹은 연속적인 층 사이의 시공기간을 정의해야 한다.

섬유의 최소 평행 겹침은 주어진 층의 재료의 불연속성이 존재할 경우에는 보장되어야 한다. 겹침길이는 제조자의 추천에 이어 설계서에 의해 명시되어야 한다.

제안된 시스템에 적합한 보호와 미적 마감은 제조자의 추천에 의하고 6.9에 따른 기술자의 요구에 따라 적용되어야 한다. 상기 시공단계의 모든 경우는 FRP 제조자의 추천에 따른다.

6.7.3 특별한 시공순서

기둥을 둘러싸고 있어서 섬유에 평행한 겹침의 최소길이는 시작과 같은 랩스트립 단 동일 래핑 때의 시작과 끝 사이에서 확보되어야 한다. 이것은 적용된 층의 수와는 무관하다. 이 겹침은 제작자의 추천 혹은 기존 규정에 의하여 설계자에 의하여 설명되어야 한다.

지면과 접한 철근콘크리트 기둥의 기초에서 FRP 재료의 랩핑의 경우, 랩핑은 내부 철근의 부식을 유발할 수 있는 공기와 물의 침투를 막기 위하여 지면 아래 500mm까지 확장하지 않으면 안된다. 전단보강을 위한 FRP 스터럽 띠는 양끝에서 안정된 방법으로 고정되지 않으면 안된다. 설계자는 요구되는 고정장치를 확실히 해야 한다.

6.7.3.1 사전경화시스템

사전경화시스템 전형적인 접착제로 시공되는 스트립과 라미네이트를 포함한다. 접착제가 라미네이트가 놓여질 표면에 균일하게 적용되어야 한다.

사전경화라미네이트는은 FRP 제조자의 추천에 의한 방법으론 액상 접착제 위에 놓이거나 안에 설치된다. 쉬트나 층 아래 혹은 층 사이의 공기는 접합이 이루어지기 이전에 제거되고 빼내야 한다. 접착제는 연속적인 층의 전체 접착이 이루어지도록 FRP 제조자에 의한 추천된 양으로 실행되어야 한다. 부착되는 사전경화라미네이트표면은 깨끗하고 제작자의 추천에 의하여 준비되어야 한다.

6.7.3.2 FRP 재료의 배열

FRP ply층의 방향과 적층 순서는 명확히 하지 않으면 안된다. 섬유의 설정의 계획된 방향으로부터 5°와 같은 작은 각도의 변화는 보강화의 감소를 유발할 수 있다. 시공된 FRP의 각도의 편차는 기술자에 의하여 승인되어야 한다.

쉬트와 직물 재료는 섬유의 직선도와 방향을 유지하기 위한 방법으로 취급되어야 한다. 직물의 꺽임, 접힘 혹은 심한 파형 등은 기술자에게 보고되어야 한다.

6.7.3.3 복합적층과 랩 연결

여러층의 FRP 재료가 사용됨에 있어서, 모든 층은 수지시스템으로 충분히 함침되고, 수지전단강도가 층 사이의 전단하중을 변환하는데 충분하고 그리고 FRP와 콘크리트의 접합강도가 충분한 수지 시스템 내에서 모든 층이 충분히 포화되도록 준비되고 사용될 수 있어야 한다. 수지전단강도는 층간의 전단하중을 전달하는데 충분하며, FRP와 콘크리트 간의 접착강도가 충분함이 있다.

6.8 경화

FRP 재료는 제조자의 추천에 의하여 경화되어야 한다. 어떤 경우에도 시공(채움, 페인팅 등) 이전에 경화시간은 24시간보다 적어서는 안된다. 보강요소들은 이 기간 동안 수지경화를 위한 수락할 수 있는 조건에서 유지되지 않으면 안된다.

온도는 최소 사용온도 이상을 유지해야 하고 표면에서의 응축이 전기간 동안 방지돼야 한다.

6.9 보호와 마감

FRP 재료의 표면이 충분히 건조 혹은 경화되었을 때, 설치된 보강시스템에 적합한 보호 또는 페인트코팅이 더해질 수 있다. 보호와 도료의 코팅은 최소 24시간 동안 건조해야 되고 혹은 제조자의 권고사항에 따라야 한다. 바람직한 건조조건은 이 기간 동안 유지되지 않으면 안된다.

선택된 FRP 보강 형식의 보호시스템의 적합성에 대한 보증은 FRP 재료의 제작자로부터 얻어지고 기술자와 계약자의 소유자에 의해 제공되어야 한다. 후자는 또한 소유자에게 인가를 위하여 생상 샘플을 제공해야 된다.

계약자는 심한 노출조건에서 보호시스템의 성능에 대한 보증을 해야 한다. 보호시스템과 페인트는 자외선 광선에 대한 효율적인 방어를 제공하도록 설치되어야 한다.

FRP 보강 재료가 심한 삭마 상황에 노출될 경우 보호 시스템은 헤짐보호층 포함한다. 헤짐 보호층은 구조적인 보강으로서 고려되어서는 안된다. 헤집 보호층은 규칙적으로 검사되어야 하고 필요에 따라서 교체되어야 한다.

FRP 보강이 화염으로부터 보호되어야 할 경우 화재에 대한 추가 보호가 준비되어야 한다. 이 보호시스템은 기술자에 의하여 승인되어야 한다. 계약자 혹은 제조자는 화재보호에 필요한 적절한 사항을 보증하지 않으면 안된다.

품질관리와 품질보증 07

7.1 일반사항

FRP 재료공급자, FRP 시공계약자 그리고 FRP 보강공사에 소속되어 있는 모든 다른 사람들은 이해력있는 품질보증과 품질관리 프로그램을 유지해야 한다.

표면처리의 판결과 FRP의 시공에 대한 서류를 위한 검사, 측정, 응용시험을 통하여 품질보증이 성취된 동안 품질관리는 다루고 있는 공사의 규모와 복잡성에 대한 보강계획의 모든 분야를 망라해야 한다. 이것은 FRP 재료제공자 혹은 시공자 그룹을 훈련시키는 위임된 관리와 FRP 재료의 표면처리와 시공을 위한 그들의 권한을 증명하는 책임이다.

숙련된 검사자는 필요한 검사를 수행해야 한다. 이 목적을 위하여 검사자는 사용된 재료에 관한 교육을 받아야 되고, 재료의 시공을 위한 교육도 이수해야 된다.

7.2 재료의 품질과 인수

고려될 어떠한 시공의 형식에 관하여 FRP 재료는 기술자의 기술에 기초하여 양질이어야 하고, 실시 시방서(6.3.1과 6.3.2)에 기초하여 양질이어야 한다.

FRP 제작자는 제공된 FRP 재료에 해당하는 모든 역학적, 물리적, 화학적 설계의 필요성 즉, 인장강도, 내구성, 크리프에 대한 저항, 기층에 대한 접착, 유리천이온도를 나타내는 정보를 준비해야 한다.

FRP 구성재료의 독립적인 시험과 그 재료로서 제조된 적층은 근본적이고 위임되어져야 한다. 제작자 혹은 제공자에 의하여 제공된 재료성분에 대한 정보는 구조물의 외적보강을 위한 FRP 재료의 인수를 위하여 유일한 기초로서 사용되어서는 안된다.

7.3 계약자의 자격

계약자의 선택은 그들의 자격과 그리고 나타난 기능과 능력을 FRP 보강공사를 위한 경험과 훈련을 통하여 검증된 증거에 기초하여야 한다.

7.4 콘크리트의 기저층의 검사

콘크리트 표면은 FRP 재료의 시공 전에 검사되어야 한다. 표면은 6.6의 지침에 따라 FRP 부착을 위하여 준비되어야 한다. 검사는 표면의 FRP 시스템의 제작자에 의한 요구사항과 같은 다른 불완전성을 포함해야 한다. 표면건조도는 FRP 재료의 제작자에 의하여 수립된 기준에 의거하여 정해져야 한다.

7.5 FRP 재료의 검사

FRP 재료의 검사는 공사 전, 진행 중, 후에 실시되어야 한다. 검사프로그램은 현상태의 전과정과 층분리의 확장, 설치시스템의 경화, 접착, 적층두께, 섬유의 설정과 재료의 성분을 포함한다.

7.5.1 시공전

FRP 재료 제공자는 사용될 모든 재료의 동일성 증명과 증명서를 제출해야 된다. 사용될 FRP 보강재의 양, 위치와 방향이 명시되어야 한다. 제공된 재료에 대한 실시시험은 품질관리시험계획에 의해 시행되어야 하고, 기술자의 실시 시방서에 명시된 요구서를 이용해야 한다. 이들 시험은 인장강도, 유리천이온도, 겔시간, 용기수명 뿐만 아니라 부착 전단강도와 같은 측정 매개변수를 포함한다.

7.5.2 시공중

특별히 취해야 할 부분은 하루 동안 혼합수지양에 대한 모든 기록, 혼합날짜와 시간, 혼합비율과 모든 성분이 일치한가의 증명, 주위 온도, 기후 그리고 수지성분에 영향을 주는 여타 계수 등이다. 이들 기록은 매일 사용된 FRP 쉬트, 구조물에서의 위치, 시공된 적층의 수와 방향 그리고 모든 다른 유용한 정보를 일치하는가 증명해야 한다. 혼합수지의 샘플컵은 미리 결정된 시료채취계획과 경화수준은 결정하기 위한 시험을 위하여 보유한 시료채취계획서를 준비하여야 한다.

표본 FRP 적층판 시험편은 FRP 재료를 콘크리트 표면에 적용하기 위하여 사용된 같은 주위 조건과 과정에 따라 사전 결정된 표본채취계획에 의하여 제조되어야 한다. 이 FRP 시험편의 실시시험은 요구된 바와 같이 실시해야 한다.

섬유의 방향과 파형에 대한 육안검사는 불확실한 방향을 도면상에 명시된 각도로부터 잘못 설정됨에 의한 영향을 유발함으로 이를 방지하기 위하여 명확한 FRP 재료시스템을 위하여 필요하다. 정확한 각도(1/12 경사)에서 5° 이상의 섬유의 잘못된 설정은 역으로 FRP 보강의 일시적인 실시에 역영향을 미치게 된다. 그리고 기술자에 의하여 보고되어야 한다.

7.5.3 공사의 완성

공사의 완공 후 FRP 재료와 관련된 최종검사와 시험결과의 기록은 보관되어야 한다. 이것은 층분리/보수, 현장부착시험 불규칙하고 정확한 보고뿐만 아니라 모든 역학적인/물리적인 시험결과로서 지명된 시험실로부터 얻은 결과이다. 경화된 FRP 재료의 표본은 기술자에 의하여 보관되어야 한다.

7.5.3.1 층의 분리

FRP 보수시스템의 검사는 완전 경화후 실시되어야 한다. 층분리 혹은 발견된 다른 변칙은 그의 규격과 전체 작용면적에 관련할 뿐만 아니라, 구조적 하중변화에 관한 그들의 위치를 고려하여 평가되어야 한다. 검사방법은 음파, 초음파, 온도기록계를 포함하고 1500 mm² 이상의 층분리를 찾아낼 수 있는 능력이어야 한다.

층분리된 FRP 재료의 보수를 위한 검증된 방법은 규격, 층분리점의 수, 위치에 의하여 결정된다. 영향을 받은 부분은 도려내고 동일한 겹의 쉬트를 부착하는 것은 1500 mm² 혹은 전체 적층면적의 5%보다 큰 수치의 층분리가 된 경우에 한 개의 선택방법으로 고려될 수 있다. 적층은 보수가 적당히 성취될 수 있느냐 없느냐를 증명하기 위한 초기검사의 결과와 비교되는 층분리 정도 또는 조사결과와 다음과 같은 층분리 보수를 재검사해야 한다.

7.5.3.2 시스템의 경화

FRP 재료의 상대적 경화의 평가는 수지접착의 물리적 관찰과 작업표면의 경도 혹은 수지표본의 상태에 의한 시공현장에서 혹은 ASTM 시방서 D3418을 이용한 수지표본 혹은 시험편의 시험실 시험에 의하여 수행될 수 있다.

재료공급자는 각 FRP 시스템의 경화를 감시하기 위한 확실한 필요성에 관하여 협의해야 한다. 사전성형시스템의 경우 부착강도측정은 제작자의 추천과 관련하여 이루어져야 한다.

7.5.3.3 접착

핵심표본의 인장접착시험은 이미 기술한 ACI 503R 혹은 ASTM 4541과 같은 알려진 방법을 이용하여 실행해야 한다. 표본채취회수는 공사의 규모와 복잡성에 따라야 한다. 그리고 인장접착값은 1.5 MPa의 최소를 얻어야 한다.

7.5.3.4 층의 두께

주로 직경이 15 mm인 소형코어표본은 층의 두께 혹은 적층의 수를 육안으로 확인할 수 있다. 접착시험에 필요한 코어표본은 층의 두께 혹은 플라이의 수를 결정하는데 사용될 수 있다. 채취빈도는 명시되어야 한다. 주의해야 할 사항은 높은 응력이 발생하는 지역이나 연결부는 피해야 한다. 코어를 채취한 후 그 장소는 채워야 되고 표면을 평평하게 해야 한다. 등가플라이로 부착한 겹친 A100~200 mm 쉬트를 필요에 따라 시공해야 한다.

7.5.3.5 재료의 성질

FRP 재료의 강도와 탄성계수의 확인은 건설현장의 시험편으로부터 제작된 판넬상에서의 인장시험을 이용하여 결정될 수 있다. 인장시험은 이미 기술한 ASTM D 3039로부터 다음과 같은 절차에 따라야 한다. 랩강도, 인장강도 그리고 FRP 재료의 탄성계수는 링시험편의 파단을 이용하여 결정될 수 있다.

7.6 시험

7.6.1 품질시험

특유의 시험을 통하여 전적으로 수립되지 않는 FRP 시스템의 성질은 사용을 위하여 고려되어서는 안된다. FRP 시스템의 역학적인 성질은 현장의 시공을 대표하는 과정에서 제작된 판 시험편과 수립된 시방서에 기초한 시험으로부터 결정되어야 한다. 표준절차의 수정은 유사한 현장조립을 위하여 허용되어야 한다.

명확한 재료의 품질프로그램은 반복성과 극한적인 성질의 신뢰성을 측정하기 위한 충분한 실험실 시험을 포함해야 한다. FRP 재료의 여러 그룹의 시험은 추천되어야 한다. 독립적인 구조물 실험은 명확한 시공을 위한 시스템의 실행을 평가하기 위하여 사용될 수 있다.

7.6.2 현장시험

FRP 재료시스템의 확인시험 표본은 공사현상에서 준비되어야 하고 적기의 방법으로 검증된 실험실에서 시험을 실시해야 한다. 제작될 표본의 수는 공사현장에서 사용될 FRP 보강재료의 양에 근거하여 결정한다. 현장시험에 의한 증명될 성질은 규명되어야 한다. 기술자는 시험의 수를 보류하거나 변경해도 좋다. 현장하중시험은 FRP 보강 부재의 거동을 확인하기 위하여 사용될 수 있다.

콘크리트에 부착된 FRP 재료의 구조적인 거동을 평가하기 위한 ASTM 시험방법은 통상으로 준비되어야 한다. 확실한 기존 ASTM 시험방법은 FRP 재료 자체에 적용될 수 있다. FRP 재료는 기존 방법뿐만 아니라 시험보고서에 등재된 방법 이외의 모든 방법과 관련하여 시험할 수 있다. 시험관련 내구성은 같은 시험방법을 사용한다. 그러나 시험편의 명확한 전제조건의 응용성을 필요로 한다. 등재된 시험법에 의하여 만들어진 자료의 수락은 FRP 재료시스템을 위한 품질과 수락에 기초가 되어야 한다.

08 참고문헌

ACI Committe 440R-96. (1996). State-of-the Art Report on Fiber Reinforced Plastic Reinforcement for Concrete Structures, American Concrete Institute, USA.

ACI Committe 440F Draft Document. (2000). Guide for the Design and Construction of Externally Bonded FRP Systems for Strengthening Concrete Structures, American Concrete Institute, USA.

ASTM D638M-93. (1993). Standard Test Method for Tensile Properties of Plastics, American Society for Testing and Materials, USA

ASTM D3039/D 3039M-95a. (1995). Standard Test Method for Tensile Properties of Polymer Matrix Composite Materials, American Society for Testing and Materials, USA

CSA-S448.1-93. (1993). Repair of Reinforced Concrete in Buildings, Canadian Standards Association, Rexdale, Ontario

Design Manual No. 4. (2001). Strengthening Reinforced Concrete Structures with Externally-Bonded Fibre Reinforced Polymers, ISIS Canada Corporation, CANADA.

Aa,W., Saadatmanesh, H. and Eshani, M.R. (1991). RC beams strengthened with FRP plates II: analysis and parametric study, Journal of Structural Engineering, ASCE, 117(11), pp.3434-3455.

Bizindavyi, L. and Neale, K.W. (199). Transfer lengths and bond strengths for composites bonded to concrete, Journal of Composites for Construction, ASCE, 3(4), pp.153-160

Bonacci, J.F. and Maalej, M. (2000). Extenally bonded FRP for service-life extension of RC infrastructure, Journal of Infrastructure Systems, ASCE, 6(1), pp.41-51.

Chaallal. O., Nollet, M.J. and Perraton, D. (1998). Strengthening of reinforced concrete beams with externally bonded fibre-reinforced-plastic plates: design guidelines for shear and flexure, Canadian Journal of Civil Engineering, 25(4), pp.692-704.

Chajes, M.J., Januszka, T.F., Mertz, D.R., Thomson, T.A., Jr, and Finch, W.W., Jr. (1995). Shear strengthening of reinforced concrete beams using externally applied composite fabrics, ACI Structural Journal, 92(3), pp.295-303.

Chen, J.F. and Teng, J.G. (2001). Anchorage strength model for FRP and steel plates bonded to concrete, Journal of Structural Engineering, ASCE, 127(7), pp.784-791.

Demers, M. and Neale, K.W. (1999). Confinement of reinforced concrete columns with fibre-reinforced composite sheets-an experimental study, Canadian Journal of Civil Engineering, 26, pp.226-241.

Lam, L. and Teng, J.G. (2001). Strength of cantilever slabs bonded with GFRP strips, Journal of Composites for Construction, ASCE, 5(4).

Mirmiran, A. and Shahawy, M. (1996). A new concrete-filled hollow FRP composite column, Composites: Part B, 27B, pp.263-268

Rochette, P. and Labossiere, P. (2000). Axial testing of retangular column models confined with composites, Journal of Composites for Construction, ASCE, 4(3), pp.129-136

Teng, J.G., Chen, J.F., Smith, S.T.,and Lam, L. (2002). FRP-Strengthened RC Structures, John Wiley & Sons, UK.

Triantafillou, T.C. (1998a). Shear strengthening of reinforced concrete beams using epoxy-bonded FRP composites, ACI Structural Journal, 95(2), pp.107-115.

Triantafillou, T.C. and Antonopoulos, C.P. (2000). Design of concrete flexure members strengthened in shear with FRP, Journal of Composites for Construction, ASCE, 4(4), pp.198-205

복합신소재시스템에 의한
철근콘크리트구조물의 보강설계 및 시공지침서

2017년 4월 20일 초판 1쇄 발행

관리주체 사단법인 한국복합신소재구조학회
서울특별시 강남구 테헤란로 7길 22 613호
(역삼동, 한국과학기술회관 본관)
Tel. (02)400-2208
Fax. (02)400-2268

출판보급처 도서출판 동화기술
경기도 파주시 광인사길 201(문발동, 파주출판도시)
Tel (031)955-4211~6 donghwapub@nate.com
Fax (031)955-4217 www.donghwapub.co.kr
(등록) 1977년 12월 19일/9-16호

ISBN 978-89-425-9123-7

정가 12,000원